湖南 油茶有害生物识别与防治 图鉴

湖南省林业有害生物防治检疫站
湖南省林业科学院 编著

U0215456

中国林业出版社

图书在版编目（CIP）数据

湖南油茶有害生物识别与防治图鉴 / 湖南省林业有害生物防治检疫站，湖南省林业科学院编著. -- 北京: 中国林业出版社, 2022.1
ISBN 978-7-5219-1497-9

Ⅰ.①湖… Ⅱ.①湖… ②湖… Ⅲ.①油茶—病虫害防治—湖南—图集 Ⅳ.①S794.4-64

中国版本图书馆CIP数据核字(2022)第007571号

策划编辑：李敏

责任编辑：王越　李敏　　　　　　电话：（010）83143628　83143575

出版　中国林业出版社（100009　北京市西城区刘海胡同 7 号）
　　　　http：//www.forestry.gov.cn/lycb.html

印刷　河北京平诚乾印刷有限公司

版次　2022 年 1 月第 1 版

印次　2022 年 1 月第 1 次

开本　787mm×1092mm　1/16

印张　15

字数　289 千字

定价　160.00 元

《湖南油茶有害生物识别与防治图鉴》
编写委员会

主　　任： 胡长清

副 主 任： 张凯锋

委　　员： 黄向东　　邓绍宏　　陈明皋　　曾　志

主　　编： 李　密　　喻锦秀　　邓　婉

副 主 编： 戴立霞　　钟武洪　　戴　阳　　佘思远

编写人员：（以姓氏笔画为序）

邓　婉	田小山	田开慧	伍义平	刘　循
刘军剑	刘京阳	刘彩霞	许彦明	孙　权
孙　凯	阳党政	李　密	吴敬东	何　振
佘思远	张　敏	陈永忠	陈隆升	罗　亮
赵正萍	胡　蔚	胡满花	钟武洪	夏永刚
晏明光	彭邵锋	喻锦秀	曾崇华	谢逸菲
廖晓武	颜学武	戴　阳	戴立霞	

序

　　湖南是我国油茶主产区。近年来，省委省政府将油茶产业确定为助推脱贫攻坚和实施乡村振兴的支柱产业，采取一系列扶持措施，推动油茶产业实现跨越式发展。截至2020年年底，全省油茶林总面积约148.9万hm²，茶油年产量32.3万t，年产值532.06亿元，油茶林总面积、茶油年产量、产业年产值均居全国首位。但随着油茶造林面积逐年增加，中幼林有害生物的危害日趋严重，严重制约着油茶产业发展。据不完全统计，湖南油茶有害生物种类有200余种，年均发生面积超过40万hm²。如何科学防控油茶有害生物，越来越受到各级政府部门的高度重视和广大油茶企业、种植户的关注。

　　湖南省林业局提前谋划，扎实开展油茶有害生物防控工作，早在2011年就启动了油茶有害生物专项调查，摸清了全省范围油茶主要病虫害种类及发生特点。同时，积极开展防控技术研究，先后建立了我国第一个油茶有害生物绿色防控基地、中国油茶科创谷油茶有害生物绿色防控技术示范基地，取得鉴定技术成果2项，培训油茶栽培管理技术人员1000余人次。湖南各级林业部门牢固树立"生态优先、绿色发展"理念，全面构建了油茶有害生物绿色防控技术体系，为促进油茶产业提质增效提供了强大的技术保障。

　　为大力普及油茶有害生物防控技术，湖南省林业有害生物防治检疫站组织专家编写了《湖南油茶有害生物识别与防治图鉴》。该书图文并茂、通俗易懂、务实管用，全面介绍了油茶有害生物的危害特点、生物学特性、防治措施及技术要点，既是一本普及油茶有害生物防治知识的科普读物，也是一本推广应用先进防治实用技术的工作手册，非常适合基层林业工作者和油茶生产经营者阅读。

　　希望本书能给广大读者带来裨益，帮助大家充分应用油茶有害生物防治新技术新成果，不断提升油茶生产经营管理水平，助推湖南油茶产业高质量发展。

　　　　　　　　　　　　　　　　　　湖南省林业局党组书记、局长　胡长清

　　　　　　　　　　　　　　　　　　2021年12月

前 言

　　油茶是山茶科（Theaceae）山茶属（*Camellia*）中种子含油量高、具有生产价值的油用物种的总称，是我国南方特有的木本油料树种，与油橄榄、油棕、椰子并称为世界四大木本油料树种。全世界茶油产量95%以上来自中国，中国茶油近一半来自湖南。湖南既是油茶大省，也是油茶强省，油茶种植面积、产量、产值均居全国第一。2018年湖南省委将油茶产业列为全省重点打造的特色优势千亿产业之一。

　　在油茶生产过程中，有害生物的威胁是一个比较突出的问题，是影响油茶产量和质量的重要原因之一。据不完全统计，湖南油茶有害生物超过200种，年均发生面积超过40万hm²，油茶落花落果中由有害生物引起的约占1/3。如何做好油茶有害生物科学、绿色防控，确保油茶产品质量安全，已受到各级政府部门的高度重视以及广大油茶企业、种植户的广泛关注。为更好地服务油茶产业，作者基于多年收集资料、实践经验和研究成果，整理撰写出《湖南油茶有害生物识别及防治图鉴》一书。

　　本书共分为上下两篇。上篇为概述，介绍了湖南油茶基本情况，分析了油茶有害生物发生特点，提出了油茶有害生物绿色防控策略。下篇为油茶有害生物种类，共记载病害10种、虫害85种及有害植物5种，基本涵盖了目前我国相关报道的主要种类，包括有分布广、呈常灾性的，如油茶炭疽病、油茶软腐病、茶籽象甲等；有历史上曾经暴发成灾的，如油茶尺蠖、油茶毒蛾等；有近年新发生严重危害的，如茶角胸叶甲、油茶叶蜂等；还有10余种油茶新记录害虫、5种湖南新记录种。为了便于查阅，分别按照果实、叶梢、叶片、枝干病虫害进行归类，每种有害生物附以清晰的生态照片。同时广泛收集了近年来的论文、资料，记录了有害生物的寄主、形态特征、生物学特性及相关防治技术等。附录包括索引表、主要害虫检索表、油茶林天敌资源名录、主要有害生物防治历、推荐和禁用农药名录等，方便读者查阅，指导生产实际。

　　本书主要依托"省部共建木本油料资源利用国家重点实验室"平台，在"湖南省油茶有害生物专项普查""广西灰象生物学特性及其防治""茶角胸叶甲发生与防治研究""茶籽象甲绿色防控技术研究与示范"等项目的基础上编写而成，并得到湖南省林业科技项目"中国油茶科创谷油茶有害生物绿色防控技术示范基地建设"、中央财政推广项目"油茶良种配置、精准施肥及主要害虫无公害防控技术推广"、湖南省科技重点项目"油茶中幼林主要害虫生物学特性及综合防治技术研究"等课题的资助。试验研究和文稿撰写过程中，得到了许多领导、老师、同行和朋友们的无私帮助，尤其是湖南农业大学谭济才教授、邓欣教授分别审阅了病害篇和虫害篇的文稿，并提出了弥足珍贵的意见；湖南省林业科学院童新旺研究员、湖南农业大学黄国华教授、谭琳副教授等对部分种类进行了审核；衡阳市林业局唐朝晖高级工程师、湘西土家族苗族自治州林业局王先柱高级工程师、靖州苗族侗族自治县林业局陈跃林高级工程师、岳阳市林业科学研究所许琪高级工程师、岳阳县林业局罗炎工程师、永兴县林业局李小桂工程师等同志参与了本次调查及标本的收集，在此一并表示诚挚的谢意。还有很多在本次工作中给予帮助的朋友们未能一一罗列，敬请谅解。

　　本书主要参考了湖南省林业厅（现湖南省林业局）编著的《湖南森林昆虫图鉴》、萧刚柔和李镇宇主编的《中国森林昆虫（第三版）》、国家林业局森林病虫害防治检疫总站编著的《中国林业有害生物防治历》、何学友主编的《油茶常见病及昆虫原色生态图鉴》、黄敦元和王森主编的《油茶病虫害防治》、赵丹阳和秦长生主编的《油茶病虫害诊断与防治原色生态图谱》、庄瑞林主编的《中国油茶（第二版）》、黄邦侃主编的《福建昆虫志》、张汉鹄和谭济才主编的《中国茶树害虫及其无公害治理》。书后附有参考文献，以表对前辈和同仁辛勤工作和丰硕成果的崇高敬意。

　　由于作者水平有限，书中难免存在疏漏、欠妥甚至错误之处，敬请大家批评指正。

编委会

2021年11月

目 录

上篇 概述

一　油茶简介

　　油茶是山茶科（Theaceae）山茶属（*Camellia*）中种子含油量高、具有生产价值的油用物种的总称，是我国南方重要的木本食用油料植物，与油橄榄、油棕、椰子并称为世界四大木本油料树种（陈永忠，2008）。油茶在中国已有2000余年的发展历史。油茶籽成熟需历经四季并花果并存、同株共茂，民间有"抱子怀胎"美誉。

　　油茶全身都是宝，其果实榨取的茶油，为世界四大主要食用植物油料之一，因风味佳、油质好、不饱和脂肪酸含量高而深受市场的欢迎和群众的喜爱。油茶还能通过油脂的深加工生产高级保健食用油和高级天然护肤化妆品等，茶油的副产品茶枯可提取茶皂素、制刨光粉和复合饲料，茶壳可提糠醛、鞣料和制活性炭等，通过综合利用可以大大提高油茶的经济效益（庄瑞林，2008）。

　　发展油茶产业，不仅可以有效缓解食用植物油的供需矛盾，维护国家粮油安全，而且对于增加农民收入、调整农村经济结构、改善生态环境、促进新农村建设和新型工业化等都具有十分重要的意义。

1.湖南油茶

　　全球茶油产量95%以上来自中国，中国茶油近一半来自湖南。湖南既是油茶大省，也是油茶强省（图1-1）。自2008年以来，在湖南省委、省政府的高位推动下，湖南油茶产业进入了快速发展时期，产业规模迅速扩大，产业结构不断完善，科技创新蓬勃发展，产业效益初步显现。全省各地纷纷将油茶产业作为精准扶贫、乡村振兴和富民强省的重要产业，出台了系列政策措施支持，组织保障力度前所未有。进入新

图1-1　湖南省油茶栽培林地

时期，省委、省政府又赋予油茶产业更高的地位和更重的使命。2018年，省政府三号文件《关于深入推进农业"百千万"工程促进产业兴旺的意见》和2019年省委一号文件《关于落实农业农村优先发展要求做好"三农"工作的意见》均将油茶产业列为湖南省重点打造的特色优势千亿产业之一，湖南省林业局制定了《湖南省油茶产业发展规划（2018—2025年）》，明确用3～5年时间实现千亿级产业目标。截至2020年年底，全省油茶林总面积约148.9万hm²，茶油年产量32.3万t，年产值532.06亿元，栽培总面积、年产量、年产值和科技水平均居全国首位。

2. 油茶植物学

油茶根系发达，是喜酸性的喜光树种，幼苗时稍耐阴，根系直立，在pH值4.5～6.0的酸性红壤上生长良好，寿命长达100年以上。油茶属两性虫媒花，花期10～12月，果实翌年10月成熟，经济收益期50年以上，在立地条件优越的地区，百年大树也可挂果累累（陈永忠，2008）。

中国油茶种质资源丰富，主要栽培品种为普通油茶（*Camellia oleifera*）（陈永忠，2008），其次有小果油茶（*C. meiocarpa*）、越南油茶（*C. vietnamensis*）、广宁红花油茶（*C. semiserrata*）、腾冲红花油茶（*C. retieulate*）、宛田红花油茶（*C. polyodonta*）、浙江红花油茶（*C. chekiangoleosa*）、博白大果油茶（*C. gigantocarpa*）、攸县油茶（*C. yuhsiensis*）等10余种。普通油茶，即中果油茶，主要为湘林系列品种（图1-2）；小果油茶，也叫门西子，面积仅次于普通油茶。油茶树

图1-2 油茶品系（'湘林210'）

还可以按照自然类型进行分类，按照花期时间，有特早花、早花、中花、晚花和春花等类型；按照油茶树成熟期，有秋分籽、寒露籽、霜降籽和立冬籽4种类型；按照油茶果的颜色，有红球、青球、脐型红桃、青桃、红桃和青橘等。

形态特征：油茶为灌木或中乔木；嫩枝有粗毛。叶革质，椭圆形、长圆形或倒卵形，先端尖而有钝头，有时渐尖或钝，基部楔形，长5.0～7.0cm，宽2.0～4.0cm，有时较长，上面深绿色，发亮，中脉有粗毛或柔毛，下面浅绿色，无毛或中脉有长毛，侧脉在上面能见，在下面不是很明显，边缘有细锯齿，有时具钝齿，叶柄长4.0～8.0mm，有粗毛。花顶生，近于无柄，苞片与萼片约10片，由外向内逐渐增大，阔卵形，长3.0～12.0mm，背面有贴紧柔毛或绢毛，花后脱落，花瓣白色，5～7片，倒卵形，长2.5～3.0cm，宽1.0～2.0cm，有时较短或更长，先端凹入或2裂，基部狭窄，近于离生，背面有丝毛，至少在最外侧的有丝毛；雄蕊长1.0～1.5cm，外侧雄蕊仅基部略连生，偶有花丝管长达7.0mm的，无毛，花药黄色，背部着生；子房有黄长毛，3～5室，花柱长约1.0cm，无毛，先端不同程度3裂。蒴果球形或卵圆形，直径2.0～4.0cm，3室或1室，3片或2片裂开，每室有种子1粒或2粒，果片厚3.0～5.0mm，木质，中轴粗厚；苞片及萼片脱落后留下的果柄长3.0～5.0mm，粗大，有环状短节，花期冬春间（陈永忠，2008）。

生长习性：油茶喜温暖，怕寒冷，要求年均气温16～18℃，花期平均气温为12～13℃，突然的低温或晚霜会造成落花、落果。要求有较充足的阳光，否则只长枝叶，结果少，含油率低。要求水分充足，年降水量一般在1000mm以上，但花期连续降雨，影响授粉。要求在坡度和缓、侵蚀作用弱的地方栽植，对土壤要求不甚严格，一般适宜土层深厚的酸性土，而不适于石块多和土质坚硬的地方（陈永忠，2008）。

二 油茶有害生物种类及发生特点

油茶有害生物是影响油茶产量和品质的一个重要因素，可致使油茶花蕾、果实、叶片的干枯、缺失和脱落，甚至全株枯死。据报道，油茶的落花落果由有害生物引起的约占1/3。

1.油茶有害生物种类

20世纪80年代中期，湖南省森林病害普查中记载，湖南省油茶病害有35种，造成灾害的主要有4种，累计危害面积达40万hm²以上，占当时湖南省油茶林调查总面积的29.2％。以衡阳（包括祁阳）地区油茶炭疽病和油茶煤污病危害最严重，占其调查林地面积的82%以上。湘南、湘东、湘西等油茶产区油茶炭疽病感株病率均在40%以上，湘南地区油茶感株病率达51.76%，病果率达10.64%。共记录湖南油茶害虫100多种，造成灾害的有14种，以食叶性害虫危害最重，如1969年常宁市油茶尺蠖大面积暴发（被害面积达17.3万hm²，其中0.6万hm²颗粒无收，整片茶林如同火烧）；1952年黔阳（即现在的怀化洪江市）茶黄毒蛾大暴发；1968年浏阳市、攸县油茶叶蜂大暴发（危害达1.2万hm²，1株油茶树上的幼虫多达3000余条）。

作者根据湖南省林业厅（现为湖南省林业局）2011—2014年组织的湖南省油茶有害生物专项调查普查结果并结合近年来的调查，统计出湖南省油茶有害生物（包括病害、寄生性植物、有害昆虫和螨类）228种，占我国已知油茶有害生物种类（399种）（刘凌等，2013）的57.14%，超出1983年湖南省记载油茶有害生物数量的（162种）40.74%，其中，病害25种、害虫199种、有害植物4种，能够造成直接经济损失的，包括油茶炭疽病、油茶软腐病、茶黄毒蛾、油茶尺蠖、茶角胸叶甲、黑跗眼天牛、茶籽象甲、油茶叶蜂、油茶织蛾等10余种。

2. 发生特点

种类及危害特点： 结合油茶有害生物历年数据和近年来的调查数据分析（图1-3），历史病害（油茶炭疽病、油茶软腐病等）发生和成灾面积呈现持续增加趋势，而历史虫害（茶黄毒蛾、油茶尺蠖、油茶叶蜂等）发生和成灾面积相对减少；且随着油茶新造林增加油茶有害生物优势种类发生了一定的变化：油茶病害优势种类变化不大，而虫害历史常发的优势种类大多趋于衰弱，被环境适应能力强（茶角胸叶甲、广西灰象、斜纹夜蛾）、隐藏能力强（卷蛾类害虫、堆砂蛀蛾）的种类所取代，原本主要在其他植物上发生的某些害虫，如桃蛀螟、斜纹夜蛾亦适生成为油茶重要害虫。

季节性特点： 油茶炭疽病和油茶软腐病均在4月下旬开始发病，春梢和叶部出现

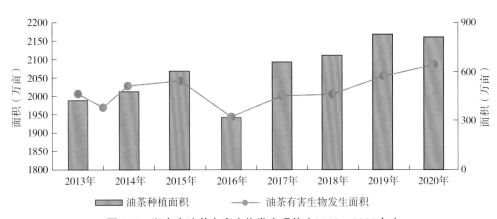

图1-3 湖南省油茶有害生物发生现状（2013—2020年）

病斑；油茶煤污病发病高峰期与媒介昆虫（绵蚧、茶蚜等）的排蜜高峰期（3～4月和9～10月）一致。夏秋季（5～10月）是油茶病害发生的高峰期。夏季高温高湿，各种病害迅速发展，油茶炭疽病和油茶软腐病6月进入发病高峰期，病斑迅速扩展；如果在7～8月遇到高温、干旱天气，病斑停止发展，发病率显著降低；8月下旬至9月下旬，若温湿度适宜，出现第二次发病高峰。冬季（11月至翌年1月），气温逐渐降低，病害也停止发展，进入越冬状态。但是油茶的花期在10～11月，此时早在花芽分化期（6月）受到病菌侵染的花芽就开始发病，并在11月达到发病高峰期（喻锦秀等，2014）。主要害虫中，危害期最长的为油茶堆砂蛀蛾、油茶织蛾和黑跗眼天牛，都是以幼虫蛀入油茶枝干危害的蛀食性害虫，幼虫危害时间均达到10个月以上，一般从每年7月到翌年5月都可见其发生和危害；其次为茶籽象甲，每年5～10月均可见其成虫和幼虫取食茶果，成虫发生期集中在每年的6月中下旬，幼虫集中发生于8～10月。危害高峰期最长的为油茶枯叶蛾，从6月初至9月底，历时长达近4个月。危害发生频率最高的为茶长卷叶蛾，其世代较多；茶黄毒蛾年发生2代，危害高峰期集中于每年5月底至6月初和9月中下旬（图1-4）。

地理分布特点：油茶软腐病主要集中分布在洞庭湖平原区（常德、岳阳），该病发生可能与当地湿度存在较大的相关性；油茶炭疽病集中发生在湖南省湘中丘盆区、湘

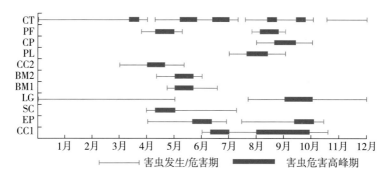

注：CT茶长卷叶蛾、PF斑喙丽金龟、CP桃柱螟、PL斜纹夜蛾、CC2油茶叶蜂、BM2油茶尺蠖、BM1茶角胸叶甲、LG油茶堆蛀蛾、SC广西灰象、EP茶黄毒蛾、BA黑跗眼天牛、茶籽象甲。

种类		1月	2月	3月	4月	5月	6月	7月	8月	9月	10月	11月	12月
炭疽病	叶	潜伏期			+	++	+++	++	+				潜伏期
	花									++	+++		
	果实				+	+	++	++	+++	+++			
软腐病					+	++	+++	++	++	++			
茶苞病			+	++	+++		潜伏期						

注：+为感病株率25%以下；++为感病株率25%～50%；+++为感病株率50%以上；
油茶病害潜伏期基本不表现出危害症状；发病初期出现叶部出现病斑；高峰期叶片果实均出现深度病斑。

图1-4 油茶主要有害生物季节性发生特点

西南雪峰山林区和湘西山原区，其发生程度随地区栽培面积增大而增大（喻锦秀等，2014）。虫害发生区域性分布代表性不强，成点状灾害性发生。但从茶角胸叶甲在湖南地图上的分布来看，主要分布在湘南南岭山区和湘中湘东丘陵区，从南部到西北部呈现为危害区域逐步扩大的现象（李密等，2013b）。

综上所述，油茶有害生物种类繁多，且不乏危害严重的种类，如历史重大病虫：油茶炭疽病、油茶软腐病、油茶尺蠖、茶黄毒蛾、油茶叶蜂等；近年来主要害虫：茶角胸叶甲、茶籽象甲、油茶织蛾等；油茶病害发生面积呈现居高不下且持续上升趋势。因此，在油茶面积进一步扩大，尤其是油茶纯林面积迅速猛增的背景下，油茶有害生物势必成为影响油茶产业发展的瓶颈。

三 油茶有害生物防治策略与防治方法

有害生物灾害不仅具有自然灾害的共性，还具有生物灾害的特殊性和复杂性，以及治理的长期性和艰巨性（马爱国，2010）。针对油茶有害生物防控，要全面落实科学发展观，坚持"预防为主，科学防控"的方针，从营林技术出发，加强监测；预防为主，促进绿色防控。一方面是对已经发生的有害生物灾害进行治理，另一方面是采取营林等预防性措施，防止有害生物成灾。主要防治技术（陈湖莲等，2019；廖仿炎等，2015；颜权等，2013）如下：

（一）营林技术

主要是结合营林管护措施实施（图1-5）。推行带状垦复、穴点垦复，采用抗性品

图1-5 油茶林生态调控技术

种或抗性与非抗性混合栽培的方式进行造林，造林后期加强油茶林地的间隔栽培技术，包括间种银杏树、苦楝树等对害虫有驱避性的树种；其他作物的间种，如在油茶林种植藿香蓟、紫苏、大豆、丝瓜等植物，能为天敌提供食料和栖息场所。加强修剪、整枝、清理落叶落果等林地管理技术的应用，改善林地通风透光条件，打破有害生物滋生环境；通过抚育、施肥促进植物根际拮抗微生物的繁殖，增强树势，增强树体对病虫害的抵抗能力。

（二） 监测技术

进行监测预报是制定油茶有害生物防控预案的基础，是进行综合防治的耳目和先行。监测预报工作即利用相关方法和技术，及时掌握主要有害生物的发生期、发生量、发生范围和危害程度，进而根据掌握的发生规律等情况对主要有害生物发生趋势做出精准的预测。目前有关监测以采取人工监测为主，诱虫色板（黄板、蓝板）、测报灯（太阳能虫情测报灯）、诱捕器（性引诱剂、食诱剂）等设备监测为辅的方法进行，在大面积油茶栽培林，可采用航空器（无人机）遥感进行远距离监测（图1-6）。

图1-6　油茶有害生物监测技术：无人机远程遥感监测（左）；太阳能物联网虫情测报灯（右）

（三） 绿色防控技术

1.生物防治

生物防治（Biological control）是利用有益生物及其产物控制有害生物种群数量的一种防治技术。从保护生态环境和可持续发展的角度讲，生物防治是最好的有害生物防治方法之一（马爱国，2010）。利用生物防治措施控制有害生物发生的途径，主要包括保护有益生物、引进有益生物、人工繁殖与释放有益生物，以及开发利用有益生物产物等。保护有益生物，主要通过营林措施保护林地内本土有益昆虫或者微生物群落；引进有益生物有引进（从有害生物发生源头，引进自然天敌种群）、移殖（将某一地区的有益生物移殖或助迁到另一地区，使它们在新地区定殖下来并发挥作用）、助迁3种形式。人工繁殖与释放有益生物可以增加自然种群数量，使有害生物在大发生之前得到有效的控制。人工繁殖和释放有益生物要取得良好的效果，一般要选择高效适宜的有益生物种类，以提高投入效益；选择适宜的寄主或培养材料，以减少繁殖成本，避免有益生物生活力的退化；选择适当的释放时期、方法和释放量，以帮助其建立野外种群，保证对有害生物的控制作用（图1-7）。

图1-7 油茶有害生物生物防治技术（左：花绒寄甲；右：赤眼蜂）

2.物理防治

物理防治（Physical control）是指利用各种物理因子、人工和器械等防治有害生物的措施。常用方法有人工和机械捕杀、诱集与诱杀、阻隔分离等（马爱国，2010）。人工和机械防治：是利用人工和简单机械，通过汰选或捕杀等手段防治有害生物。对于害虫防治常使用捕捉、振落、网捕、摘除虫枝虫果、刮树皮等人工和机械方法。对于病害防治常使用剪除病枝、刮除病斑、清理病叶等方法。诱集与诱杀：是利用动物的趋性，配合一定的物理装置、化学毒剂或人工处理来防治害虫的一类方法。通常包括灯光诱杀、食饵诱杀和潜所诱杀、性信息素诱杀、颜色诱杀等（图1-8）。阻隔分离：根据有害生物的侵害和扩散行为，设置物理性障碍，阻止有害生物危害或扩散的措施，常用方法有套袋、涂胶、绑塑料环、刷白和填塞等。

图1-8　油茶有害生物物理防治技术（左：太阳能杀虫灯；右：黄、蓝板）

3.化学防治

化学防治（Chemical control）是指利用化学药剂防治有害生物的一种防治技术。主要是通过开发适宜的农药品种，并加工成适当的剂型，利用适当的机械和方法处理林木、种子、土壤等，杀死有害生物或阻止其侵袭危害（马爱国，2010）。化学防治在有害生物综合治理中占有重要的地位，它使用方法简便、效率高、见效快，可以用于各种有害生物的防治，特别在有害生物大发生时，能及时控制危害，是其他防治措施无法比拟的（图1-9）。但是，化学防治也存在一些明显的缺点：一是长期使用化学农药，会造成某些有害生物产生不同程度的抗药性，致使常规用药量无效；二是杀伤天敌，破坏生态系统中有害生物的自然控制能力，打乱了自然种群平衡，造成有害生物的再猖獗或次要有害生物上升危害；三是残留污染环境，有些农药由于性质较稳定，不易分解，在施药植物中残留，以及飘移流失进入大气、水体和土壤后，就会污染环境，直接或通过食物链生物浓缩后间接对人、畜和有益生物的健康安全造成威胁。因此，使用化学农药必须注意发挥其优点，克服缺点，才能达到化学保护的目的，并对有害生物进行持续有效的控制。

图1-9　油茶有害生物化学防治技术（左：地面高压喷粉施药；右：无人机低剂量喷洒）

下篇
油茶有害生物种类

湖南
油茶有害生物
识别与防治
图鉴

一 油茶病害

(一) 果实病害

油茶软腐病 *Agaricodochium camellia*

 别名 油茶落叶病、油茶叶枯病

危害 危害油茶的叶片和果实，引起软腐和脱落，也危害幼芽和嫩梢。该病常常块状发生，株被害率可达70%以上，对苗木的危害尤为严重，在病害暴发季节，往往几天之内成片苗木感病，严重时感病株率达100%。

症状 此病害可发生于叶片的任何部位，但侵染点以叶缘及叶尖处为多。最初出现针尖样大的黄色水渍状斑，在阴雨天气，病斑迅速扩大，圆形或半圆形，棕黄色或黄褐色，叶面较叶背色深。同一叶片上侵染点1个至多个，各小病斑扩大联合成不规则的大病斑。侵染后如遇连续阴雨天，病斑扩散速度快，成水渍状软腐，边缘不明显，形成"软腐型"病斑，这种病叶常常在2~3天内纷纷脱落。叶片感病后如遇天气转晴，温度高，湿度低，病斑停止扩展，边缘明显，形成"枯斑型"病斑，这种病叶不易脱落，有的能留于树上越冬。叶片感病5~7天后，在适宜的温湿度条件下，病斑陆续产生许多乳白色至淡黄色、形似"磨菇"的小颗粒——病原菌分生孢子座（刘锡琎，1981）。感病果实最初出现水渍状淡黄色小斑点，条件适宜时病斑迅速扩大，土黄色至黑褐色，圆形至不规则形，病组织软化腐烂，阴雨天有棕色汁液溢出；如遇高温干燥天气，病斑呈不规则开裂，果实感病后常在2~3周内脱落。

病原 病原菌为油茶伞座孢菌 *Agaricodochium camellia* Liu，Wei et Fan。

发生规律

病原菌以菌丝体和未发育成熟的磨菇型分生孢子座在病部越冬。冬季留于树上越冬的病叶、病果、病枯梢及地上病落叶、病落果是病菌越冬场所。病害发生和严重程度与温湿度关系密切。早春日平均气温回升到10℃左右，并出现连续降雨时，叶片即可发病。4~6月、9~10月日平均气温在15~25℃，是病害年发生的两个高峰；如果这期间少雨干旱，发病较轻；7～9月低温多雨，病害可继续蔓延。果实在6月开始发病，7～8月最严重。气温15～25℃、相对湿度95%～100%时发病率最高；如低于10℃或高于35℃，相对湿度小于70%，发病轻或不发病。油茶林内湿度大，苗圃地排水不良，有利于软腐病流行（喻锦秀等，2014）。

防治措施

营林措施　改造过密林分，适当整枝修剪，在冬季或早春清除感病树上的越冬病叶、病果、病梢等，以消灭越冬病原菌，减少侵染源（罗健等，2012）。选择土壤疏松、排水良好的圃地育苗，发现重病苗木尽快清除烧毁。

化学防治　50%多菌灵可湿性粉剂300～500倍液、75%甲基托布津可湿性粉剂300～500倍液、1%波尔多液等都有一定的防治效果（卢小凤，2021）。波尔多液是比较理想的保护性药剂，第一次喷药在春梢展叶后抓紧进行，如果病情重，在病害高峰期（5月中旬至6月中旬）再喷1～2次，间隔20～25天。

1	2	5
3	4	

1 叶片上"枯斑型"病斑　　4 蘑菇型分生孢子座
2 果实上"软腐型"病斑　　5 油茶软腐病导致落果
3 叶片上"软腐型"病斑

油茶炭疽病 *Colletotrichum gloeosprioides*

危害 发病后可引起落叶、落芽、落蕾、落果、枝干溃疡，甚至整株枯死。病落果率通常在20%左右，有时高达40%，油茶炭疽病对油茶果实危害最大，受害果实的种子的含油量可降低50%以上，重病树甚至造成绝收。

症状 叶片感病初期出现褐色小点，随后病斑逐渐扩大形成棕色至褐色，圆形、半圆形至不规则形的病斑，有时具有波状轮纹，亦有数个小病斑扩大，互相联合而成不规则形的大病斑。后期病斑出现黑褐色小颗粒，即病原菌的分生孢子盘，湿度大时产生黄色分生孢子堆。有的分生孢子盘（堆）排列成同心圆状。老叶后期病斑组织坏死，变成灰白色，上布黑褐色小点。病果初生黑褐色的斑点，以后扩大成圆形、中央灰黑色、边缘黑褐色的病斑，严重时全果变黑，其上生黑色小点，即病菌的分生孢子盘。雨后或经过露水湿润，盘上产生黏性粉红色的分生孢子堆。病果一般在10天左右脱落，少数不脱落的病果常沿病斑中部开裂，种仁散落（喻锦秀，2019）。

病原 真菌引起的病害。在病组织上常见到的是病原菌无性态——胶孢炭疽菌 *Colletotrichum gloeosprioides* Penz。

发生规律
该病发生具有明显的季节性。油茶炭疽病菌以菌丝或分生孢子在病叶、病芽、病蕾、枯花、病果、果柄或病枝上越冬。第二年春，当温度、湿度适宜时，分生孢子借风雨飞溅或昆虫传播，从伤口和自然孔口侵入，潜育期5～17天。一般每年4月初开始发病，先是危害嫩叶、嫩梢。5月中旬至6月病菌侵染果实，8～9月落果最多（喻锦秀等，2014）。10月危害花蕾，使病蕾脱落。病害发生和蔓延与温度、湿度有关。当旬平均温度达到20℃、相对湿度达86%时，开始发病，气温在25～30℃、相对湿度88%时，出现发病高峰；夏秋间降雨次数和持续时间与病害扩展蔓延及严重程度密切相关，雨日长，雨量大的年份，病害严重，反之则轻。油茶炭疽病的发病率，一般来说，低山高于高山，阳坡高于阴坡，山脚高于山顶，林缘高于林内，成林高于幼林。

防治措施
营林措施 推广抗病株系，如小叶油茶、攸县油茶等；过密林分应适度整枝剪修、适当疏伐。避免单施氮肥，注意增加磷肥和钾肥。加强培育管理。冬春（3月前）修除病重的枝、梢部，并尽可能清除病果和病叶。

化学防治　在发病初期可选用40%氟硅唑乳油2000倍液、10%苯醚甲环唑水分散粒剂4500倍液、1%波尔多液、70%硫磺·锰锌可湿性粉剂500倍液，或50%多菌灵可湿性粉剂500倍液、80%代森锰锌可湿性粉剂700倍液等喷雾。秋末宜喷洒内吸杀菌剂，初夏果病高峰期前10天左右开始喷药，10～15天喷一次，连喷3～4次（秦绍钊等，2020）。

1	2	3
4	5	6
7		

1　病叶，发病后期病斑上形成黑褐色分生孢子盘

2　病果，病斑形成粉红色分生孢子堆

3　油茶果实上病斑

4　病害发展后期，果实上病斑开裂

5　油茶果实上多个病斑

6　高温干燥条件下病斑中心开裂

7　油茶炭疽病导致的落果

（二） 叶片病害

油茶茶苞病 *Exobasidium gracile*

别名 油茶饼病、叶肿病

危害 该病主要危害油茶子房、幼果、叶芽和嫩叶，严重病株果实可损失90%以上，广泛分布于长江以南各省份。

症状 病菌侵害油茶花芽子房、幼果、幼芽和嫩叶；感病组织肥肿变形，由于发病部位和时间不同，症状也有差异。

1.子房及幼果：病菌在花芽开放之前侵入子房，早春受害子房迅速膨大，形如桃，中空，组织松软，俗称茶桃或茶苞，味酸甜，可食。病果颜色与油茶品种有关，一般初期青色，也有草绿色、淡红色，不久表皮破裂，露出病菌的外担子层，最后变黑腐烂。

2.叶芽和嫩梢：叶芽受害后常是数叶或整个嫩梢的叶片发病，罹病嫩叶肥肿呈耳状，俗称茶耳或茶片。初期病叶表面淡红棕色或淡玫瑰色，间有黄色，后来表皮开裂脱落，露出病原菌灰白色的外担子层，最后变暗黑色，病部干缩（邱建生等，2011）。

病原 真菌引起的病害，病原菌为细丽外担菌 *Exobasidium gracile*。

发生规律

春季受病原菌侵染的幼果、叶芽表现肥肿症状，担孢子成熟后，表皮破裂，担孢子散尽，借风雨传播，侵染寄主的其他健康部分，在环境条件适宜时，被侵染的嫩叶当年春季即能发病，罹病嫩叶出现表面稍凹，背面突起而肥厚的斑块，这是该病的次要发病形态。在环境条件不适宜时，病原菌在寄主组织内越夏及越冬，翌年早春首先发病，产生大量茶桃（病幼果）和茶苞（病芽），这是该病的主要发病形态。

防治措施

营林措施　适当整枝修剪，保持林内通风透光；摘除表皮尚未破裂（担孢子尚未飞散）的茶桃、茶苞、茶片等烧毁或深埋，减少病害。

化学防治　必要时在病组织表皮未破裂的病害高峰期，用1%波尔多液、75%敌克松可湿性粉剂500倍液等喷雾（贾代顺等，2017）。

1	2	3
4	5	6
	7	

1　茶苞病

2　感病初期

3　灰白色的外担子层

4　茶桃

5　导致长势衰弱

6　茶耳

7　感病后期，叶片枯萎

油茶煤污病

危害　油茶煤污病是南方油茶的重要病害。该病是由介壳虫、粉虱、蚜虫等昆虫危害诱发引起的，煤污病病原菌从这些害虫的排泄物中吸取养料，营腐生生活，附着在油茶枝叶表面，形成一层黑色的煤污层，阻碍了植株正常的光合作用及气体交换。受害油茶轻者芽梢不能萌发，花果大减，重者颗粒无收，连年受害时可引起植株死亡。

症状　此病的主要特征是在感病的叶片和枝条表面覆盖一层黑色烟煤状物（病原菌的营养体和繁殖体），由于该菌的营养菌丝、繁殖结构和孢子等大多是暗色的，故菌落呈黑色烟尘状。初期受害叶面出现蜜汁黏滴，渐形成圆形霉点，并逐渐增多，在叶面形成覆盖紧密的煤污层，阻碍植株正常的光合作用及气体交换，严重时全林漆黑一片，引起油茶减产至植株逐渐枯萎。油茶煤炱菌引起的病害常常覆盖整个枝叶表面，形成一层煤污层，厚度可达0.4mm。

病原　真菌引起的病害。煤炱科 Capnodiaceae 和小煤炱科 Meliolaceae 的多种菌物都可以引起油茶煤污病。

发生规律

油茶煤污病病原菌喜低温高湿的环境条件，以10～20℃最适宜病原菌的生长，在这个范围内湿度越大，病原菌繁殖越快。全年有两个病发高峰季节，即3月下旬至6月上旬，9月下旬至11月下旬。油茶煤污病经常流行于海拔300～600m的林分中，湿度大，光照差，长期荒芜的油茶林有利于病害的发生蔓延，阴坡、山坞、密林比阳坡、山脊、疏林发病严重。暴雨对煤污病病原菌有冲洗作用，能减轻病害。

病菌以菌丝、分生孢子、子囊孢子越冬，当叶、枝表面有灰尘、蚜虫蜜露、介壳虫分泌物或植物分泌物时，分生孢子和子囊孢子即可生长发育，菌丝和分生孢子可借气流、昆虫传播，进行重复污染。诱发害虫的存在是病菌生存的基本条件，也是病害发生的基本条件。某些昆虫如介壳虫、蚜虫、木虱等发生严重时，不但为病菌提供了丰富的营养，同时也可以传播病菌。

防治措施

油茶煤污病原菌营腐生生活,并通过这些害虫的活动传播扩散,因此,诱病昆虫和病原菌的防治必须双管齐下,才能彻底控制该病害(余英才,2019)。

营林措施 对郁闭度过大的林分适度修枝通风透光;在4～5月人工剪除受害严重的枝叶集中烧毁,减少虫源和病原。

生物防治 保护和繁育黑缘瓢虫、大红瓢虫、澳洲瓢虫等天敌,抑制介壳虫、粉虱和蚜虫的繁衍(韦世栋,2021)。

化学防治 应先治虫,后治病,着力防治介壳虫、粉虱等诱病害虫。5月中旬至6月,若虫孵化盛期,用10%吡虫啉可湿性粉剂4000～5000倍液、50%辛硫磷乳油1000～2000倍液、2.5%溴氰菊酯乳油2000～3000倍液等进行喷雾。夏季用45%晶体石硫合剂350倍液、秋季用200倍液、冬季用100～150倍液喷洒病株。

1	2
3	

1 油茶煤污病
2 黑色煤尘状菌苔
3 黑色烟尘状菌落

油茶赤星病 *Cercosporella theae*

别名 油茶紫斑病、茶圆赤星病

危害 主要危害嫩叶，影响生长。严重时引起叶片脱落。

症状 病害危害初期，病斑呈褐色针头状小点，以后略扩大，渐呈紫色，最后变灰白色，边缘深褐色，中央凹陷，圆形或近圆形。病斑直径0.5～3.5mm，同一叶片上病斑从几个到数十个，布满全叶。湿度大时，病斑正面中央产生灰黑色霉状物小点。

病原 真菌物引起的病害，病原菌为茶叶斑小尾孢菌*Cercosporella theae*。病斑上灰色霉状物即丛生的病原菌的分生孢子梗，它着生于表皮细胞下的子座上，以后突破表皮外露。分生孢子梗单条挺直或弯曲，单胞或多胞。分生孢子圆筒状、线状，由基部向顶端渐细，略弯曲，无色至浅灰色，有1～3个分隔。

发生规律

以菌丝在病叶上越冬，翌年春季油茶抽生新叶时，产生分生孢子，借风雨飞溅传播，侵害嫩叶。气温20℃左右、相对湿度80%以上时，最适于病害的发生。长势过于衰弱的植株，或日照短、阴湿雾大的油茶林易发病。

防治措施

营林措施 加强管理，清除病害严重的枝叶，减少侵染来源。合理施肥，增施磷、钾肥，增强树势，提高抗病力。

化学防治 病害严重的圃地或林分，于3月底4月初发病前，喷施50%多菌灵可湿性粉剂800倍液、75%百菌清可湿性粉剂1000倍液、50%甲基托布津可湿性粉剂600倍液等防治。

1	2
3	4
5	6
7	

1 油茶赤星病

2 被害部位初生褐色小点，后逐渐扩大成圆形病斑

3 中央凹陷，呈灰白色，边缘有暗褐色至紫褐色隆起线

4 危害嫩叶

5 危害后呈现的孔洞

6 危害苗圃

7 苗圃危害状

油茶藻斑病 *Cephaleuros* sp.

危害 油茶的叶片及幼茎均可感染，尤其以中下部老叶片易受害。在湿度大、通风透光不良的油茶林中，发生比较严重，影响油茶的生长。

症状 病原物可侵害叶片的正面和背面，但以正面为多。症状初期，叶上产生淡黄色斑，其上有针头大小的圆点，有的连成片，发展成点状或"十"字形，然后逐渐向四周扩展，形成圆形稍隆起的毛毡状斑点。中期呈黄绿色，隆起，直径0.5～22.0mm，其上有不规则且不明显的放射状分枝。病斑后期为暗褐色，近圆形、椭圆形或不规则形，表面光滑且隆起，从中央放射状分枝，并有毡状物，上面有纤维状的细纹和绒毛。嫩枝受害病部出现红褐色毛状小梗，病斑长椭圆形，严重感染时，枝条干枯死亡。

病原 病原是一种寄生性的锈藻*Cephaleuros* sp.。病斑上见到的毡状物就是藻类的营养体，它在病斑上蔓延成为稠密细致的二叉分枝的丝网，此后丝状营养体向空中长出游动孢子囊梗，其顶端膨大，上生多个小梗，每一小梗顶端生一椭圆形或卵形的孢子囊，呈黄褐色；孢子囊成熟后，遇水散出游动孢子，游动孢子椭圆形，生有两根鞭毛。

发生规律

病原物以营养体在植株病组织上越冬，4月开始危害，5～6月在高温、高湿的有利条件下，营养体生长发育迅速，先后产生孢囊梗、孢子囊和游动孢子，游动孢子通过风雨进行传播，经由自然孔口侵入危害，在表皮细胞和角质层之间蔓延。油茶林管理不善，通风透光不良有利于发病。树势衰弱植株容易感病。

防治措施

营林措施 保持油茶林通风透光，清除重病枝叶；合理施肥，多施磷、钾肥，增强树势，提高抗病力。

化学防治 对发病严重的油茶林，可以在4～6月或采果季节结束后，喷洒0.6%波尔多液进行防治。

$\dfrac{1}{2}\bigg|\,3$

$4\,\big|\,5$

1 油茶藻斑病病叶

2 症状初期叶上产生淡黄色斑

3 圆形稍隆起的毛毡状斑点

4 油茶藻斑病放射状分枝

5 向四周放射状扩展成圆形或近圆形病斑

油茶黄化病

别名 油茶白叶病

危害 油茶常见病害，各种树龄和造林模式油茶林均可危害。

症状 危害油茶叶片，受害叶片逐渐褪绿直至黄白色，无明显病健交界，受害植株部分枝条叶片呈黄白色，严重时整个植株的叶片全部呈现黄白色，不久叶片脱落，植株枯死。黄化病发病初期和花叶病症状相似，但是感染花叶病的叶片一般是不均匀褪绿色，叶面上具深绿、浅绿、浅黄、黄白等相间的斑块（或斑纹），而黄化病危害的叶片是均匀褪绿至黄白色。

病原 油茶等植物出现黄化现象主要有两种情况：生理性黄化病和病理性黄化病。

（1）生理性黄化病：①缺素导致，其中较为常见的是缺铁性黄化，此外缺硫、缺氮也引起黄化；②土壤酸碱失衡。土壤碱性高，会抑制微量元素吸收，容易黄化；③土壤透气性差。土壤中有机质含量低，浇水过多，根系呼吸困难，容易黄化。

（2）病理性黄化病：这是一类由类菌原体引起的传染性病害，它与生理性黄化病的区别在于：前者有传染性而后者无，前者在发生黄化症状时常常伴随丛枝现象。

防治方法

生理性黄化病：主要通过加强栽培管理、合理施肥等措施解决，一般不需用药。

病理性黄化病：及时防治病原传播介体；采用无毒母株繁殖；利用四环素等药剂喷洒治疗。

$$\frac{1 \mid 2}{3}$$

1 油茶黄化病幼树
2 油茶黄化病病株
3 油茶黄化病病叶

（三）｜枝干病害

油茶白朽病 *Corticium scutellaer*

别名 油茶半边疯、白皮干腐病、烂脚瘟、石膏树

危害 主要在油茶树干、大枝上发生，也危害主根，引起腐朽，严重时可蔓延到枝条上。多为零星分布，在一些生长衰弱的老林发病较重。受害油茶树势衰弱，叶片枯黄，继而引起落叶落果，最后整株枯死。

症状 病斑多从树干或大枝基部背阴面开始，患部树皮局部下陷，树皮表面失去原来健康色泽，显得较为粗糙，病部及健部组织交界处有棱痕。随着病原菌深入，患部树皮外层的木栓层逐渐剥落，显出较为光滑的浅灰色皮层，以后逐渐变成黄白色，最后变成粉白色。病斑纵向扩展快，横向扩展慢，形成纵向长条状粉白色病斑，树干或大枝半边生病，半边健康，故又名"半边疯"。在病情不重、寄主抵抗力较强时，病斑两侧的健康组织能长出愈伤组织；病原菌的扩展又能侵害这些新生长的愈伤组织。病斑扩大的同时，病害向木质部纵深发展，受害木质部变成灰白色疏松腐朽状。在横切面上，病健组织交界处有明显的棕褐色带。

病原 真菌引起的病害。病原菌为碎纹伏革菌 *Corticium scutellaer* Berk. & Curt.。病斑表面粉白色层即为病菌的子实层。子实体膜质，像一层致密光滑的白膜紧贴于基物表面，厚0.1~0.3mm，担孢子卵圆形，无色、透明、发亮。

发生规律

该病多在枝干基部或中部倾斜面的下方发生，林间多呈聚集分布。病原菌多从伤口侵入，老树、多次萌发更新的植株、生长衰弱的植株容易发病；阴坡山坞、林龄大、过密林容易发病；抚育管理粗放、生长差、萌芽更新的油茶林发病较严重。8~15年生长旺盛的油茶树很少发病。病原菌生长的适宜气温为25~30℃，因此，病斑在7~9月扩展最快，气温低于13℃时病斑停止扩展。

➕ 防治措施

营林措施　加强抚育管理，促进油茶健壮生长，增强抗病力。结合垦覆适度修剪、清除病枝，整枝修剪在休眠期进行，以利愈合，防止病菌感染。减少机械损伤，防止病原入侵（朱峰等，2018）。

化学防治　早期病株可刮除病斑并用1:3:15波尔多液或氯化锌涂刷伤口（朱峰等，2018）。

	1	
2	3	4

1　油茶老林病状
2　油茶白朽病病症
3　长条状粉白色病斑
4　油茶老林病状

油茶肿瘤病

别名 油茶冠瘿病、油茶枝肿病

危害 在油茶枝干上形成几个，甚至数十个、上百个肿瘤，危害轻者导致树势生长衰弱，重者引起受害枝干上的叶片萎焉、枯死，受害植株显著减产乃至绝产。

症状 油茶树枝干受害后，病部周围组织不规则增生，形成肿瘤，树皮粗糙并开裂，病部以上的枝叶常枯死，肿瘤大小不一，形态多样，一般为2.0～10.0cm。

病原 引起油茶肿瘤的原因可能在不同地区、不同林分各不相同：①寄生性种子植物危害所致；②钻蛀性害虫危害导致，如油茶枝干受黑跗眼天牛、木蠹蛾等钻蛀性昆虫危害，刺激细胞加速分裂，从而形成肿瘤；③真菌或细菌侵染导致，如根癌细菌 *Agrobacterium* sp. 危害导致；④生理因素引起；⑤外部损伤，修剪、嫁接等抚育措施导致的机械损伤。

发生规律

油茶幼树、老树都可发病，以老油茶林发病较多；病害多数零星分布或呈团状分布，很少成片发生，但发病植株一般都比较严重；通常管理不善，道路两旁发病重；尤其是油茶林被其他大树遮阴，湿度大、荒芜的林分发病严重。

防治措施

营林措施 切掉肿瘤，噻苯隆、抑霉唑、春雷霉素等调成糊状伤口涂抹；辅助加强抚育管理，保护好农事操作造成的伤口，增加植株免疫力。及时防治钻蛀性害虫，清理寄生性种子植物。

化学防治 根癌细菌侵染导致的肿瘤，重则刨去植株，轻病株可用300～400倍的"402"浇灌，或切除瘤后用500～2000mg/L链霉素或500～1000mg/L土霉素或5%硫酸亚铁涂抹伤口。

$\dfrac{1}{2}\Bigg|\dfrac{\begin{array}{c}3\\4\\5\end{array}}{}$

1 寄生性种子植物危害所致油茶肿瘤病

2 肿瘤病病状

3 肿瘤病病状

4 钻蛀性害虫危害刺激导致的肿瘤

5 钻蛀性害虫危害刺激导致的肿瘤

（四） | 根部病害

油茶白绢病 *Sclerotium rolfsii*

别名 油茶根腐病、霉根菌病

危害 常常造成苗木大量死亡，有些地方的苗圃，油茶发病率可高达50%以上，引起苗木大量死亡。可以危害油茶、油桐、楸树、柑橘、苹果、梧桐、泡桐、核桃、马尾松等多种树。

症状 主要危害1年生苗木。一般从侧根、支根和细根侵入发病，发病初期的根韧皮部出现水渍状、色泽暗，次生根少，逐渐发展至病根上形成褐色斑痕，重病植株病部腐烂，须根、侧根坏死。根茎部位树皮变黑坏死、腐烂，产生白色绢丝状菌丝体，多呈辐射状，绢丝状菌丝可以蔓延到根颈附近土壤。受害苗木根部腐烂，叶片凋萎脱落，最后枯死，只留一光杆，一拔即起。

危害成年油茶树时，发病初期的根呈褐色，中期随土壤湿度增大时长出白色菌索，后期韧皮部与木质部易剥离且木质部腐烂变黑，根系死亡；地上部表现为新叶黄化，温度过高时叶片萎蔫，树势衰弱，严重时叶片萎蔫干枯，大量落叶，果实脱落，最终植株干枯死亡。

病原 真菌引起的病害，病原菌为齐整小菌核菌*Sclerotium rolfsii* Sacc，主要在苗圃地危害。另外，腐霉、镰刀菌、疫霉等土壤习居真菌也可以引起苗木或成年油茶树根部腐烂，整株叶片发黄、枯萎的症状。

发生规律

病菌在土壤中和病残体上过冬，一般多在3月下旬至4月上旬发病，5月进入发病盛期，其发生与气候条件关系很大（喻锦秀，2014）。苗床低温高湿和光照不足，是引发此病的主要环境条件。育苗地土壤黏性大、易板结、通气不良致使根系生长发育受阻，也易发病。另外，根部受到地下害虫、线虫的危害后，伤口多，有利于病菌的侵入。

➕ 防治措施

营林措施 ①加强苗圃地管理，及时清除病株，将病株集中统一焚烧，最大限度地控制和消灭病原物。圃地应选择土壤肥沃、排水良好的山脚坡地，在平地育苗要做到高床、深沟，并施足基肥；②注重整地质量。整地时要深翻土壤，将病株残体及周边土壤表面的菌核深埋在土壤中，可使病菌死亡。

化学防治 ①发病初期，可用1%硫酸铜液体浇灌苗根，防止病害扩散；或用10mg/kg萎锈灵或25mg/kg氧化萎锈灵抑制病菌生长；②用96%恶霉灵3000～6000倍液（或30%恶霉灵1000倍液）喷洒苗床土壤，预防苗期白绢病的发生；③用50%福美双可湿性粉剂500～750倍液喷洒，每隔1周喷1次，共喷2～3次。

$\dfrac{1}{2}$ | 3

1 油茶白绢病导致根部腐烂
2 油茶白绢病菌丝
3 油茶白绢病导致油茶幼苗枯死

二 油茶虫害

（一） 果实害虫

茶籽象甲 *Curculio chinensis*

别名 油茶象甲、油茶象、山茶象、茶籽象等

分类地位 鞘翅目象甲科

寄主植物 油茶属、山茶属植物。

危害特点 幼虫在茶果内蛀食种仁，引起果实中空，幼果脱落，成虫亦以象鼻状咀嚼式口器啄食茶果，影响茶果质量和产量。

形态特征 成虫体长6.7～8.0mm。黑色，覆盖白色和黑褐色鳞片。前胸背板后角和小盾片的白色鳞片密集成白斑；鞘翅的白色鳞片呈不规则斑点，中间之后有1横带。腹面完全散布白毛。喙细长、呈弧形，雌虫喙长几乎等于体长，触角着生于喙基部1/3处，雄虫喙较短，仅为体长的2/3。触角着生于喙中间。前胸背板有环形皱隆线。鞘翅三角形，臀板外露，被密毛，腿节有1个三角形齿。卵长约1.0mm，宽0.3mm，黄白色，长椭圆形。老熟幼虫体长10.0～12.0mm，体肥多皱，背拱腹凹略成"C"形弯曲，无足。蛹长椭圆形，黄白色，体长7.0～11.0mm。头胸足及腹部背面均具毛突，腹末有短刺1对（赵丹阳等，2015）。

生物学特性 在湖南每2年发生1代。以幼虫或新羽化成虫在土中越冬。如以幼虫越冬，第2年仍留土中，在土中12月左右化蛹，再羽化为成虫，留在土中越冬；如以成虫越冬则4～5月开始出土，6月中下旬盛发，5～8月产卵于果内。幼虫孵化后在果内生长发育，8～11月陆续入土越冬，到第2年8月化蛹，9月成虫羽化，羽化后在土中越冬，第3年4～5月出土。

➕ **防治方法**

营林措施　结合油茶林深耕，秋冬垦复，消灭幼虫和蛹。在不影响产量的前提下，适当提早采收果实后集中摊放，让幼虫爬出茶果，放鸡啄食。在落果盛期，人工捡拾落地茶果，集中销毁，可消灭果中幼虫。或结合养鸡啄食成虫。

化学防治　发生严重的油茶林可在成虫盛发期用药防治。用8％绿色威雷200～300倍液在成虫羽化后喷1次（马玲等，2017）。

1　茶籽象甲（成虫）
2　茶籽象甲（幼虫）
3　茶籽象甲（卵）
4　茶籽象甲（油茶果仁幼虫）
5　茶籽象甲（幼虫钻出孔）
6　茶籽象甲（土里越冬成虫）
7　茶籽象甲（出土成虫）
8　茶籽象甲（取食危害状）
9　茶籽象甲（取食后针孔）
10　茶籽象甲（交配）
11　茶籽象甲（土中越冬幼虫及其土室）

1	2	3
4	5	6
7	8	9
10	11	

桃蛀螟 *Conogethes punctiferalis*

别名 桃蛀野螟、蛀心虫

分类地位 鳞翅目螟蛾科

寄主植物 杂食性害虫，可危害高粱、玉米、粟、向日葵、蓖麻、姜、棉花、桃、柿、核桃、板栗、无花果、松树等，油茶偶发性害虫。

危害特点 桃蛀螟以幼虫蛀食油茶果仁、啃食籽粒，严重时整个果仁被蛀食，没有产量。

形态特征 成虫体长 12.0mm 左右，翅展 22.0～25.0mm，黄至橙黄色，体、翅表面具许多黑斑点似豹纹：胸背有 7 个；腹背第 1 和第 3～6 节各有 3 个横列，第 7 节有时只有 1 个，第 2、8 节无黑点，前翅 25～28 个，后翅 15～16 个，雄第 9 节末端黑色，雌不明显。卵椭圆形，长 0.6mm，宽 0.4mm，表面粗糙布细微圆点，初乳白渐变橘黄、红褐色。幼虫体长 22.0mm，体色多变，有淡褐、浅灰、浅灰兰、暗红等色，腹面多为淡绿色。头暗褐，前胸盾片褐色，臀板灰褐，各体节毛片明显，灰褐至黑褐色，背面的毛片较大。气门椭圆形，围气门片黑褐色突起。腹足趾钩不规则的 3 序环。蛹长 13.0mm，初淡黄绿后变褐色，臀棘细长，末端有曲刺 6 根。茧长椭圆形，灰白色。

生物学特性 根据调查，桃蛀螟危害油茶仅出现在 7～8 月，而根据相关文献记载桃蛀螟属于迁飞性害虫，食性较杂。据推断，该虫在湖南油茶林属于过渡性害虫，以第 3 代幼虫危害油茶，成虫羽化后迁飞至其他植被产卵。据观察，该虫主要将卵产在具有一定裂缝的果实上。成虫具有趋光性。

防治方法
营林措施　清理虫害果、管理越冬场所及寄主、套种诱集植物等。
物理防治　在油茶园内点黑光灯或用糖、醋液诱杀成虫（王芳等，2020）。
生物防治　喷洒苏云金杆菌 75～150 倍液或青虫菌液 100～200 倍液。

化学防治　当连续诱集到成虫时即开始喷药，可选用2.5%高效氯氟氰菊酯乳油1500～2000倍液，或20%氰戊菊酯乳油2000～4000倍液，或20%甲氰菊酯乳油2000～3000倍液，或25%灭幼脲悬浮剂1500～2000倍液，或5%氟铃脲乳油1000～2000倍，或1.8%阿维菌素乳油3000～4000倍液，或35%氯虫苯甲酰胺水分散粒剂8000倍液等喷雾防治（冷德良等，2019）。

1	2
3	4
5	

1　桃蛀螟（成虫）　　4　桃蛀螟（钻蛀孔）
2　桃蛀螟（幼虫）　　5　桃蛀螟（危害状）
3　桃蛀螟（蛹）

油茶宽盾蝽 *Poecilocoris latus*

别名 茶籽盾蝽

分类地位 半翅目蝽科

寄主植物 茶、油茶。

危害特点 若虫在茶果上吸食汁液，影响果实发育，降低产量和出油率，同时诱发油茶炭疽病，导致落果。

形态特征 成虫前胸背板为橘黄色至红色，小盾片主要以白色至米黄色为底色。头部黑色，具有金属光泽；前胸背板侧角圆，不突出，前缘凹，前角处各有1黑斑，后半部中线两侧有2个横形不规则大黑斑；小盾片基部有2行7个黑斑，第1行5个黑斑，中线上黑斑纵形，其两侧2个黑斑横形，外侧2个黑斑较小，近前角处，第2行2个黑斑靠近第1行中线两侧横形黑斑，在多数个体上第1行中间3个黑斑与第2行黑斑融为一体，成为1个大的不规则黑斑；小盾片后半部有1行4个黑斑，中线两侧黑斑很大，圆形至横形，两侧2个黑斑小，甚至消失；前胸背板及小盾片上的黑斑周围均有橘黄色至红色色带包围，黑斑具有金属光泽，斑块大小变异较大，相邻斑块可相连。小盾片覆盖整个腹部，多数不露出膜翅。成虫体长16.0～20mm，宽10.5～14.0mm，宽椭圆形。卵直径1.8～2.0mm，近圆形，初产时淡黄绿色，数日后呈现两条紫色长斑，孵化前为橙黄色。若虫一般体长3.0mm，近圆形，橙黄色，具金属光泽，共5龄（姜春燕，2018）。

生物学特性 在湖南每年发生1代，以末龄幼虫在落叶下或土缝中越冬。一般于7～8月开始危害膨大的油茶果实，7～8月下旬出现成虫，9月若虫出现。卵期7～10天，若虫期7个月，成虫寿命2个月。

防治方法
　　营林措施　冬季清除油茶林内的杂草，消灭越冬幼虫。
　　化学防治　可选用80%敌敌畏乳油、50%杀螟松乳油、20%杀灭菊酯乳油5000倍液喷雾毒杀若虫。

1	2
3	4
5	6

① 油茶宽盾蝽（成虫）　　④ 油茶宽盾蝽（聚集状）

② 油茶宽盾蝽（若虫）　　⑤ 油茶宽盾蝽（聚集状）

③ 油茶宽盾蝽（腹部特写）　⑥ 油茶宽盾蝽（成虫交配）

红展足蛾 *Oedematopoda ignipicta*

分类地位 鳞翅目织蛾科

寄主植物 油茶。

危害特点 以幼虫蛀入油茶果实取实危害。

形态特征 翅展13.0～15.0mm。触角红褐色，有长毛；唇须淡黄褐色，细长，向上曲，第2节与第3节等长，末端尖，超过头顶；前、后翅朱红色，有光泽，缘毛及前翅外缘呈红褐色；腹面黑褐色，有白斑；中、后足胫节上有环状毛刺。老熟幼虫头橘红色、体灰白色（王淑霞等，2008）。

生物学特性 在湖南每年发生1代，以幼虫在掉落的油茶果实内越冬。幼虫8月中上旬在油茶果实内可见，9月上旬化蛹，9月中下旬羽化。成虫一般栖息于油茶叶片背面（李密等，2013c）。

防治方法

偶见害虫，可与其他油茶果实害虫统一治理。

1 红展足蛾（成虫）

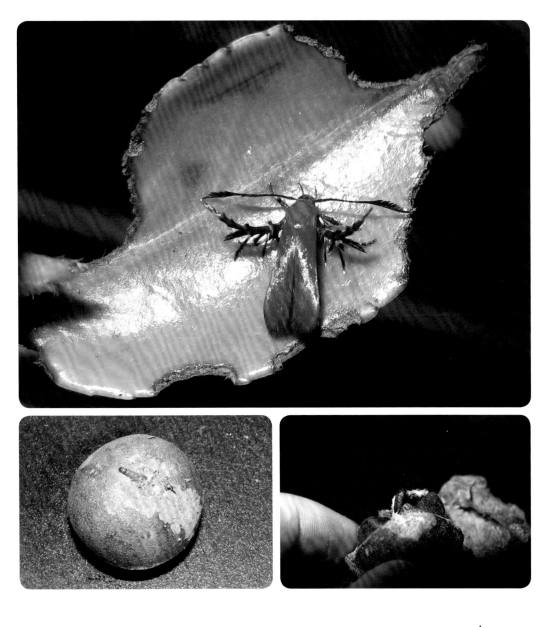

$$\frac{1}{2\ |\ 3}$$

1　红展足蛾（成虫）

2　红展足蛾（幼虫及危害状）

3　红展足蛾（蛹）

白星花金龟 *Protaetia brevitarsis*

别名 白星花金龟子

分类地位 鞘翅目金龟科

寄主植物 玉米、小麦、果树、蔬菜等多种农作物，首次报道危害油茶。

危害特点 以成虫取食裂开油茶果实内部的茶籽，抑或通过啃食表皮后取食其中籽粒。

形态特征 成虫体长17.0mm～24.0mm，宽9.0～13.0mm，椭圆形，背面较平，体较光亮，多古铜色或青铜色，体表散布众多不规则白绒斑。有的足绿色，体背面和腹面散布很多不规则的白续斑。头部较窄，两侧在复眼前明显陷入，中央隆起，唇基较短宽，密布粗大刻点，前缘向上折翘，中两侧具边框，外侧向下倾斜。卵圆形或椭圆形，长1.7～2.0mm，同一雌虫所产的卵，大小不同，乳白色。老熟幼虫体长24.0～39.0mm，头部褐色，胸足3对，短小，腹部乳白色，肛腹片上的刺毛呈倒"U"字形，2纵行排列，每行刺毛数为19～22根，体向腹面弯曲呈"C"字形，背面隆起多横皱纹，头较小，胴部粗胖，黄白或乳白色。蛹为裸蛹，卵圆形，先端钝圆，向后渐削，长20.0～23.0mm，初期为白色，渐变为黄白色。

生物学特性 在湖南每年发生1代，取食油茶果实一般集中于8月中下旬。白星花金龟成虫昼伏夜出，飞翔能力强，具有假死性、趋腐性及趋糖性。多产卵于粪堆、秸秆、腐草堆等腐殖质较多、环境比较潮湿或施有未经腐熟肥料的场所。白星花金龟幼虫为腐食性，多在腐殖质丰富的疏松土壤或腐熟的粪堆中生活，不危害植物，并且对土壤有机质转化为易被作物吸收利用的小分子有机物有一定作用。在地表，幼虫腹面朝上，以背面贴地蠕动而行，行动迅速。

防治方法

营林措施 深秋及初冬在发生严重的林地进行深翻土地，集中消灭粪土交界处的幼虫和蛹，减少越冬虫源。

　　物理防治　糖醋液及腐烂果品诱杀是普遍使用的防治方法之一。将红糖、醋、白酒与水按照4∶3∶1∶2的比例配成糖醋液诱杀。或将腐烂果品装入大口容器里，置于林间进行诱杀（吴瑾等，2020）。

　　化学防治　成虫大量发生时，可喷洒75%辛硫磷乳油或50%马拉硫磷乳油1000~2000倍液灭杀（吴瑾等，2020）。

1 / 2

❶ 白星花金龟（成虫及危害状）

❷ 白星花金龟（成虫及危害状）

（二） 叶梢害虫

假眼小绿叶蝉　*Empoasca vitis*

🔲 **分类地位**　半翅目叶蝉科

🌿 **寄主植物**　茶、油茶等多种作物。

☠ **危害特点**　以成虫和若虫吸取芽叶汁液，导致油茶新梢芽叶生长迟缓，焦边、焦叶，甚至枯萎。

🧭 **形态特征**　成虫体连翅长3.1～3.8mm，体黄绿色，头冠前缘有1对绿色圈，中域常有2个浅绿色小斑点，前胸背板前缘区及小盾片中端部有黄白色斑块。前翅微带黄色光泽近透明，端部略具烟黄色。体腹面黄绿色，唯颜面带褐泽，尾节及足大部分绿至青绿色。

〰 **生物学特性**　在湖南每年发生9～12代，以成虫越冬。成、若虫均具趋嫩性，早春转暖时成虫即开始取食危害，油茶发芽后开始产卵繁殖，卵散产于油茶绿色嫩茎皮层内。若虫栖于芽叶嫩梢叶背及嫩茎上，以叶背居多。在适宜条件下15～20天即可完成1个世代，虫态混杂、世代重叠。湖南油茶产区一般有1个发生高峰，多集中在6月上中旬。

➕ **防治方法**

　　物理防治　采用橘黄色或芽绿色粘虫板进行诱杀。

　　生物防治　应尽量减少施药次数，降低农药用量，充分发挥天敌对其种群的控制作用。

　　化学防治　大发生时，采用吡虫啉或阿维菌素进行防治：防治适期应掌握在高峰前期，且田间若虫量80%左右，施药方式为蓬面侧位喷雾为宜（林钟，2020）。

1	3
2	
4	

1 假眼小绿叶蝉（成虫）

2 假眼小绿叶蝉（若虫）

3 假眼小绿叶蝉（聚集危害）

4 假眼小绿叶蝉（危害状）

八点广翅蜡蝉　*Ricania speculum*

别名　八点蜡蝉、八点光蝉、橘八点光蝉、咖啡黑褐蛾蜡蝉、黑羽衣、白雄鸡

分类地位　半翅目广翅蜡蝉科

寄主植物　油茶、茶，也危害苹果、梨、桃、樱桃、枣、柑橘等多种果树。

危害特点　成、若虫刺吸嫩枝、芽、叶汁液，排泄物易引发病害。雌虫产卵时将产卵器刺入嫩枝茎内，破坏枝条组织，被害嫩枝轻则叶枯黄、长势弱且难以形成叶芽和花芽，重则枯死。

形态特征　成虫体长11.5～13.5mm，翅展23.5～26.0mm；黑褐色，疏被白蜡粉；触角刚毛状，短小，单眼2个，红色；翅革质密布纵横脉，呈网状，前翅宽大，略呈三角形，翅面被稀薄白色蜡粉，翅上有6～7个白色透明斑，后翅半透明，翅脉黑色，中室端有一小白色透明斑，外缘前半部有1列半圆形小的白色透明斑，分布于脉间；腹部和足褐色。卵长1.2mm，长卵形，卵顶具一圆形小突起，初为乳白色，渐变淡黄色。若虫体长5.0～6.0mm，宽3.5～4.0mm，体略呈钝菱形，翅芽处最宽，暗黄褐色，布有深浅不同的斑纹，体疏被白色蜡粉。

生物学特性　在湖南每年发生1代，以卵于枝条内越冬。5月间陆续孵化，危害至7月下旬开始老熟羽化，8月中旬前后为羽化盛期。成虫经20余天取食后开始交配，8月下旬至10月下旬为产卵期，9月中旬至10月上旬为盛期。白天活动危害，若虫有群集性，常数头在一起排列枝上，爬行迅速，善于跳跃；成虫飞行力较强且迅速，产卵于当年发生枝木质部内，以直径4.0～5.0mm粗的枝背面光滑处落卵较多，产卵孔排成纵列，孔外带出部分木丝并覆有白色棉毛状蜡丝，极易发现与识别。成虫寿命50～70天，至秋后陆续死亡。

防治方法

营林措施　注意冬春修剪，剪除有卵块的枝条集中处理，减少虫源。

物理防治　成虫期悬挂黄色粘虫板。

化学防治 危害期结合防治其他害虫兼治此虫。用4.5%高效氯氰菊酯微乳剂200g+25%噻嗪酮悬浮剂100g+超扩助剂500g，兑水100kg，在发生高峰期进行喷雾效果较好。由于该虫虫体特别是若虫被有蜡粉，所用药液中如能混用含油量0.3%～0.4%的柴油乳剂或黏土柴油乳剂，可显著提高防效（徐华林等，2013）。

1	2
3	4
5	6

1 八点广翅蜡蝉（成虫）　　　4 八点广翅蜡蝉（产卵特点）

2 八点广翅蜡蝉（若虫）　　　5 八点广翅蜡蝉（产卵特点）

3 八点广翅蜡蝉（卵）　　　　6 八点广翅蜡蝉（成虫）

柿广翅蜡蝉 *Ricania sublimbata*

分类地位 半翅目广翅蜡蝉科

寄主植物 栀子、小叶青冈、山胡椒、母猪藤、莎苹果等作物，油茶林常见害虫。

危害特点 以成虫、若虫刺吸植物汁液及在枝梢处用产卵器刺破组织形成产卵刻痕的方式对寄主形成危害（金银利等，2019）。

形态特征 成虫体长约7.0mm，翅展约22.0mm；全体褐色至黑褐色，前翅宽大，外缘近顶角1/3处有一黄白色三角形斑，后翅褐色，半透明。若虫黄褐色，体被白色蜡质，腹末有蜡丝。

生物学特性 在油茶树上一年只发现1次刻痕，越冬代成虫应该是在其他寄主上产卵并形成第1代成虫，10月初开始在油茶树上产卵越冬。即柿广翅蜡蝉在湖南地区油茶林的生活史表现出1代。其第1代成虫由5月产卵至8月羽化。若虫初孵时为白色且无蜡质被覆，经一次蜕皮后才逐渐变为白色或乳白色并有蜡丝附着（丁坤明等，2014）。

防治方法

营林措施　加强油茶林建设管理，砍除周围嗜好寄主林木，避免其在不同寄主间转移危害。冬季至初春，合理增施基肥。结合冬季和夏季修剪，及时清除着卵的枝条和叶片。

生物防治　保护和利用小蚂蚁，赤眼蜂和舞毒蛾卵平腹小蜂等天敌资源。

物理防治　利用成虫的趋光和趋黄特性，越冬产卵期（每年10月初到11月底）可采取灯光和黄板进行种群监测和诱杀（米仁荣等，2018）。

化学防治　根据虫情监测，于各代若虫盛孵期喷洒10%吡虫啉可湿性粉剂2000倍液或3%啶虫脒乳油1000～1500倍液，均匀细致喷雾于枝梢、叶片的背面，间隔10天再喷1次（丁坤明等，2014）

1 柿广翅蜡蝉（成虫）

2 柿广翅蜡蝉(成虫聚集）

圆纹宽广蜡蝉 *Pochazia guttifera*

分类地位 半翅目广翅蜡蝉科

寄主植物 油茶、小叶女贞、红枫、红叶李、青岗、万年青、冬青、日本樱花、迎春、羊蹄甲、木姜、樟树、金银花等多种植物。

危害特点 以成虫、若虫吸取寄主叶片及嫩枝汁液，使受害部位的叶片发黄或卷缩畸形，引发植物病害，影响植物生长，削弱树势。最为严重的是，圆纹宽广蜡蝉以成虫在嫩枝上产卵，产卵时用产卵器刺伤木质部，卵粒成块分布，使枝条养分运输受阻而逐渐枯死。

形态特征 成虫体长8.0～9.0mm，翅展28.0～31.0mm。体翅均栗褐色，中胸背板沥青色。头与前胸背板等宽，前胸背板有1中脊，两边的刻点明显。中胸背板有脊3条，中脊长而直，侧脊由中部分叉。前翅宽大，近三角形，前脊长而直，侧脊由中部分叉缘端部1/3处有三角形略透明的浅色斑；外缘有2个较大的半透明斑；翅中部有1近圆形半透明斑，围有黑褐色宽边；翅面散布白色蜡粉（芦夕芹等，2007）。后翅翅脉黑色，半透明，无斑纹。体淡绿色，披白色蜡粉。腹末有3束放射状蜡丝，有时向上翘。产卵痕迹粗糙明显，卵粒密集成环状排列。

生物学特性 在湖南每年发生1代，以卵在寄主枝条上越冬，2月中旬开始孵化，自6月起随着温度升高，蜡蝉个体显著逐渐增加。7月中旬即可同时见到蜡蝉的2～5龄若虫及成虫。7月下旬为羽化盛期，8月上旬开始产卵，8月中旬为产卵盛期，9月后虫口密度骤减，11月后极少再见到成虫。卵多产于枝条腹面，成虫产卵时先用产卵器刺伤木质部，然后产1粒卵于裂缝中，每隔约1mm产卵1粒，卵粒多数为多行排列。卵块表面覆盖有绒丝状蜡质（芦夕芹等，2007）。

防治方法

营林措施 秋冬季结合修剪，剪除带卵枝条集中烧毁，增强通风透光，降低湿度，恶化害虫生活环境，减少越冬虫卵。

保护和利用天敌 天敌主要有蜘蛛、螳螂等。

物理防治　成虫有强趋光性，可用黑光灯诱杀成虫。

化学防治　狠抓若虫期的化学防治，选用20%杀灭菊酯乳油1000倍液或2.5%可湿性溴氰菊酯乳油2000倍液，或20%叶蝉散乳油800倍液等药剂喷施（芦夕芹等，2007）。

1 | 2
　 | 3

① 圆纹宽广蜡蝉（成虫）
② 圆纹宽广蜡蝉（若虫侧面）
③ 圆纹宽广蜡蝉（若虫正面）

眼纹广翅蜡蝉 *Euricania ocellus*

分类地位 半翅目广翅蜡蝉科

寄主植物 茶、油茶、桑等。

危害特点 以若虫和成虫吸取嫩茎、嫩叶的汁液危害。

形态特征 成虫体长5.0～6.0mm，翅展16.0～20.0mm，栗褐色。前翅无色透明，翅的四周有栗褐色宽带，其中前缘带较宽，在中部和端部有两处中断；翅中部横带在中间围成一圆形，与翅外部的横带构成一个大的眼形纹；近翅基部有一栗褐色斑点。

生物学特性 在湖南每年发生1代，以卵在嫩梢组织内越冬。翌年5月若虫孵化，6～8月成虫较多，多分布在油茶树上部枝叶上。生活在低海拔油茶林地。有时会群聚吸食植物茎叶汁液；受惊吓时会瞬间弹跳飞行，徒手捕捉不易。若虫能分泌白色絮状物，黏附在嫩梢上。

防治方法

营林措施 秋冬季结合修剪，剪除带卵枝条集中烧毁，合理修剪，增强通风透光，降低湿度，恶化害虫生活环境，减少越冬虫卵。

保护和利用天敌 注意保护蜻蜓类、蜘蛛类、鸟类等捕食性天敌。

物理防治 成虫有强趋光性，可用黑光灯诱杀成虫。

化学防治 狠抓若虫期的化学防治，选用药剂同圆纹宽广蜡蝉。

青蛾蜡蝉 *Salurnis marginella*

别名 褐缘蛾蜡蝉

分类地位 半翅目蜡蝉科

寄主植物 茶、油茶、桑等。

危害特点 若虫和成虫以吸取嫩茎、叶的汁液危害。

形态特征 成虫体长5.0～6.0mm，前翅黄绿色，前缘、后缘及外缘深褐色，后缘距离臀角1/3处有一深色斑块，停息时左右翅面靠拢竖立。卵淡绿色，短香蕉型，长约1.3mm。若虫绿色，胸背有4条赤褐色纵纹，腹末有2束白色蜡纸长毛，四周和腹部背部覆有白色蜡质絮状物。

生物学特性 在长江中下游油茶区年发生1代，成虫出现于春夏两季，生活在低海拔山区或平地树丛间。若虫或成虫偶尔会危害数种农作植物。若虫和成虫以吸取嫩茎、叶的汁液危害。

防治方法

营林措施　秋冬季修剪，剪除带有卵块的油茶树枝条，减少越冬虫卵。

色板诱杀　成虫盛发期，可在田间悬挂黄色粘板诱杀成虫。

化学防治　主要结合油茶林其他害虫的防治进行兼治。特别严重时，可采用10%联苯菊酯水乳剂2000～3000倍液，或15%茚虫威乳油3000倍液，或240g/L虫螨腈悬浮剂2000倍液等在若虫盛孵期施药。

$\dfrac{1}{2}$

1 青蛾蜡蝉（成虫）
2 青蛾蜡蝉（若虫）

碧蛾蜡蝉 *Geisha distinctissima*

别名 碧蜡蝉、黄翅羽衣

分类地位 半翅目蜡蝉科

寄主植物 茶、油茶、柑橘、桃、李等。

危害特点 若虫和成虫以吸取嫩茎、叶的汁液危害。

形态特征 成虫体黄绿色，顶短，向前略突，侧缘脊状褐色。额长大于宽，有中脊，侧缘脊状带褐色。喙粗短，伸至中足基节。唇基色略深。复眼黑褐色，单眼黄色。前胸背板短，前缘中部呈弧形前突达复眼前沿，后缘弧形凹入，背板上有2条褐色纵带；中胸背板长，上有3条平行纵脊及2条淡褐色纵带。腹部浅黄褐色，覆白粉。前翅宽阔，外缘平直，翅脉黄色，脉纹密布似网纹，红色细纹绕过顶角经外缘伸至后缘爪片末端。后翅灰白色，翅脉淡黄褐色。足胫节、跗节色略深。静息时，翅常纵叠成屋脊状。卵纺锤形，乳白色。老熟若虫体长形，体扁平，腹末截形，绿色，全身覆以白色棉絮状蜡粉，腹末附白色长的绵状蜡丝。

生物学特性 在湖南每年发生1代，以卵在枝梢内越冬。翌年5月若虫孵化，6～8月成虫较多，多分布在油茶树上部枝叶上。成虫无趋光性，飞翔能力弱。成虫、若虫活泼善跳，喜阴湿，怕阳光，在叶背刺吸。

防治方法

营林措施 剪去枯枝、防止成虫产卵。加强管理，改善通风透光条件，增强树势。出现白色绵状物时，用木竿或竹竿触动致使若虫落地捕杀。

化学防治 可选用10%吡虫啉可湿性粉剂2000～3000倍液、25%噻嗪酮可湿性粉剂1000～2000倍液，喷雾防治。由于该虫被有蜡粉，药液中需混用含油量0.3%～0.4%的柴油乳剂或黏土柴油乳剂来提高防效。

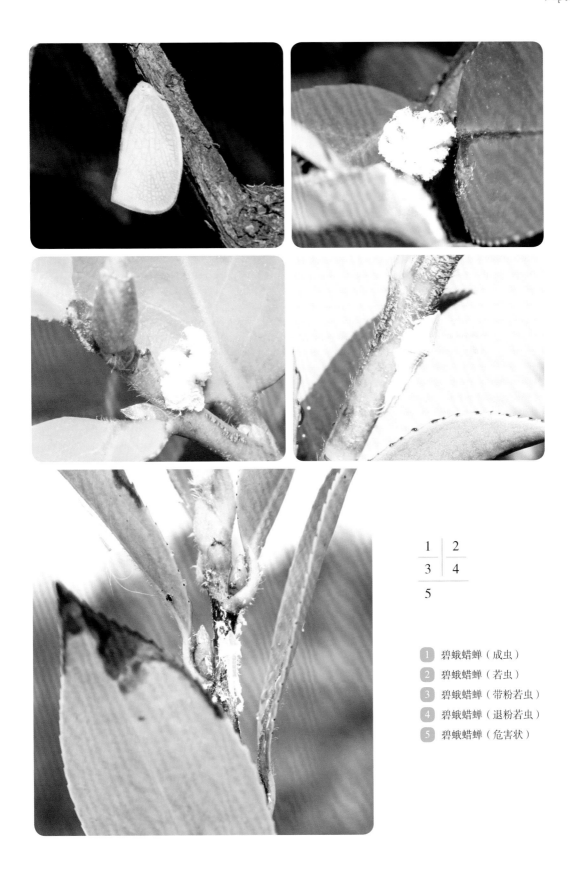

$$\frac{1}{3} \Big| \frac{2}{4}$$
$$5$$

1 碧蛾蜡蝉（成虫）

2 碧蛾蜡蝉（若虫）

3 碧蛾蜡蝉（带粉若虫）

4 碧蛾蜡蝉（退粉若虫）

5 碧蛾蜡蝉（危害状）

黑圆角蝉 *Gargara genistae*

别名 圆角蝉、黑角蝉、桑角蝉、桑梢角蝉

分类地位 半翅目角蝉科

寄主植物 油茶、茶、苜蓿、大豆、棉花、烟草、枸杞、桑、柿、柑橘、三叶锦鸡儿、沙达旺、枣、杨、柳、槐等多种植物。

危害特点 若虫和成虫以吸取嫩茎、叶的汁液危害。

形态特征 成虫体长7.0mm，翅展21.0mm，黄绿色，顶短，向前略突，侧缘脊状褐色。额长大于宽，有中脊，侧缘脊状带褐色。喙粗短，伸至中足基节。唇基色略深。复眼黑褐色，单眼黄色。前胸背板短，前缘中部呈弧形，前突达复眼前沿，后缘弧形凹入，背板上有2条褐色纵带；中胸背板长，上有3条平行纵脊及2条淡褐色纵带。腹部浅黄褐色，覆白粉。前翅宽阔，外缘平直，翅脉黄色，脉纹密布似网纹，红色细纹绕过顶角，经外缘伸至后缘爪片末端。后翅灰白色，翅脉淡黄褐色。足胫节、跗节色略深。静息时，翅常纵叠成屋脊状。卵纺锤形，长1.0mm，乳白色。老熟若虫体长8.0mm，长形，体扁平，腹末截形，绿色，全身覆以白色棉絮状蜡粉，腹末附白色长的绵状蜡丝。

生物学特性 在湖南每年发生2代，以卵产在油茶或其他植物基部5～10cm深的根部表皮下越冬，卵成堆挤在一起，但排列无序。5月中旬孵化，若虫共5个龄期，6月中旬第1代成虫羽化，下旬产卵，8月中旬为第2代成虫期；9月上旬至10月中旬产卵越冬。成虫飞翔力弱，爬动活泼，遇到惊扰能横向爬动躲避。分泌黏液，常招致蝇类和蚂蚁吸食。

防治方法

偶见物种，暂无防治方法。不是油茶重要害虫，一般不需采取特定防治措施，可在防治其他害虫时一起防治。

$\dfrac{1}{2}$

1 黑圆角蝉（危害状）

2 黑圆角蝉（雌虫）

榆花翅小卷蛾 *Lobesia aeolopa*

分类地位 鳞翅目卷蛾科

寄主植物 榆科、蔷薇科、豆科、大戟科、葡萄科、柿科、猕猴桃科、茶科、芸香科、菊科植物，油茶新记录偶发害虫。

危害特点 幼虫吐丝卷缀芽叶，匿居虫苞内啃食叶肉，残留一层表皮，造成鲜叶减少，芽梢生长受抑。

形态特征 翅展9.0～14.0mm。触角浅黄褐色，具暗褐色环。下唇须浅黄褐色。前翅赭白色，夹杂有暗铅色；花纹赭灰色；基斑混有暗铅色，具暗灰色条纹，外边缘形成角状；中带亚三角形，内缘中部凹入，外缘中部呈角状突出；在基斑与中带之间有一个亚三角形的暗铅色区；端斑圆，暗褐色；顶斑卵形，由1条褐色线环绕。后翅亚三角形，翅顶相当尖，外缘直，浅灰褐色。

生物学特性 在湖南每年发生2代，以成虫在寄主附近的枯枝落叶下过冬。翌年3月上中旬开始活动，4月下旬开始交尾，4月底至5月初开始产卵，直至7月初，6月上旬至7月中旬陆续死亡。第1代若虫于5月中旬初至7月中旬孵出，6月中旬至8月中旬初羽化，6月下旬至8月下旬初产卵，7月下旬至9月上旬先后死去。第2代若虫于7月上旬至9月初孵出。

防治方法
　　不是油茶重要害虫，一般不需采取特定防治措施，可在防治其他害虫时一起防治。

$$\frac{1 \mid 2}{\frac{3}{4}}$$

1 榆花翅小卷蛾（成虫）　　3 榆花翅小卷蛾（蛹）

2 榆花翅小卷蛾（危害状）　　4 榆花翅小卷蛾（蛹）

茶小卷叶蛾 *Adoxophyes orana*

别名 黄卷叶蛾、棉卷蛾、棉褐带卷叶蛾

分类地位 鳞翅目卷蛾科

寄主植物 除油茶和茶叶外，可危害黄麻、柑橘、梨、桃等多种作物。

危害特点 幼虫吐丝卷缀芽叶，匿居虫苞内啮食叶肉，残留一层表皮，造成鲜叶减少，芽梢生长受抑。危害严重时油茶蓬面红褐焦枯、芽叶生长停滞。

形态特征 成虫体长约7.0mm，展翅16.0～20.0mm，淡黄褐色。前翅近菜刀形。翅面有3条深褐色宽纹，其中中间一条从中部向臀角处分成"H"形，近翅尖1条呈"V"形。雄蛾较雌蛾略小，翅面的斑色较暗，翅基褐斑较大而明显。卵浅黄色，椭圆形、扁平，鱼鳞状排列成椭圆形卵块。幼虫成熟时体长16.0～20.0mm，头黄褐色，体绿色，前胸硬皮板浅黄褐色。蛹长约10.0mm，黄褐色，各腹节背面基部均有一列钩状小刺。

生物学特性 在湖南每年发生5～6代，以3～5龄幼虫越冬，部分地区以蛹越冬。越冬幼虫于翌年3月中下旬气温7～10℃时开始危害，4月上中旬化蛹。1～5代幼虫危害期：1代为4月下旬至5月下旬；2代为6月中下旬；3代为7月中旬至8月上旬；4代为8月中旬至9月上旬；5代为10月上旬后至翌年4月前。除1代发生较整齐外，以后各代有不同程度世代重叠。

防治方法

营林措施　在幼虫3龄前及早摘除虫苞，减少越冬虫苞；结合修剪可剪除有卵叶片，提高灭卵率。

物理防治　在成虫盛发期进行灯光诱杀，或用活雌蛾进行性诱杀（严军，2018）。

生物防治　保护和利用如卵寄生蜂、捕食性蜘蛛等天敌。

化学防治　在幼龄幼虫期可选择喷施80%敌敌畏乳油1500倍液，50%杀螟硫磷乳油、50%辛硫磷乳油1000倍液，2.5%溴氰菊酯乳油（严军，2018）、2.5%氰戊菊酯乳油6000～8000倍液，或2.5%天王星乳油4000～6000倍液。

1 茶小卷叶蛾（成虫）　　4 茶小卷叶蛾（蛹）

2 茶小卷叶蛾（幼虫）　　5 茶小卷叶蛾（危害状）

3 茶小卷叶蛾（幼虫危害）

1	2
3	4
5	

茶长卷叶蛾 *Homona magnanima*

分类地位 鳞翅目卷蛾科

寄主植物 油茶、山茶、茶、牡丹、蔷薇、樱花、紫藤等。

危害特点 以幼虫危害嫩叶、嫩枝，常将叶片吐丝黏缀在一起，幼虫即藏身其中取食危害，严重影响油茶春夏梢的正常发育。

形态特征 成虫体长5.0～10.0mm，翅展22.0～32.0mm；唇须黄褐色，紧贴头部向上弯曲；第2节长，末节短；前翅黄色有褐斑；雄虫前缘宽大，基斑退化，中带和端纹清楚，中带在前缘附近色泽变黑，然后断开，形成一个黑斑。雌虫前翅的基斑、中带和端纹可以分辨，但不清楚；后翅淡杏黄色。幼虫体长15.0～18.0mm、黄绿色。前胸硬皮板近半月形，褐色；后缘更深，两侧下方各有2个小椭圆形褐斑，体表有白色短毛。茧深黄绿色，蛹纺锤形，长10.0～16.0mm，黄褐色。

生物学特性 在湖南每年发生2～3代；以幼虫在卷叶苞内或土中结茧越冬；3月下旬开始危害，翌年4月上旬达到危害高峰期；幼虫极活泼，受惊后跳跃吐丝逃离。

防治方法

营林措施　结合每年冬翻松土、修剪，清除落叶和杂草，或摘除黏结在一起的卷叶，集中销毁，降低虫源基数。

物理防治　成虫盛发期，可用黑光灯夜间诱杀或用糖醋液、性引诱剂诱杀。

生物防治　保护包括捕食性蜘蛛类，寄生性昆虫如姬蜂类和茶卷长距茧蜂等天敌；采用质型多角体病毒或白僵菌300倍液喷施防治；或人工释放松毛虫赤眼蜂，每代放蜂3～4次，隔5～7天放1次，放蜂量为2.5万头/667m²。

化学防治　幼虫发生期，在1～2龄幼虫盛发期，及时喷洒0.3%苦参碱400倍液，2.5%鱼藤酮乳油300～500倍液，50%杀螟松乳油1000倍液，或40%乐斯本乳油1500倍液。

1　茶长卷叶蛾（雌蛾）

2　茶长卷叶蛾（雄蛾）

3　茶长卷叶蛾（卵）

4　茶长卷叶蛾（初孵幼虫）

5　茶长卷叶蛾（三龄幼虫）

6　茶长卷叶蛾（预蛹）

7　茶长卷叶蛾（危害状）

1	2
3	4
5	6
7	

柑橘黄卷蛾 *Archips seminubilis*

分类地位 鳞翅目卷蛾科

寄主植物 油茶、柑橘、红楝子（红椿）、蓖麻、霍香蓟、一点红、飞扬草等。

危害特点 危害幼叶，幼虫吐丝将嫩叶结缀成团，且匿居其中取食危害，被害严重时，幼叶残缺破碎。

形态特征 翅展：雄蛾19.0mm左右，雌蛾20.0mm左右。体黄褐色。下唇须向上弯曲，基节短小，第2节最长，第3节最小。雄蛾前翅色泽鲜艳；中横带褐色，由前缘中部通向后缘；端纹黑褐色，纹前方有黑色弧线纹，纹后下方及顶角间有楔状纹，略与前缘平行。后翅淡褐色，前缘无黑鳞毛。雌蛾褐色；中横带黑色，由前缘1/3处斜向后缘；端纹深褐色；后缘中部至臀角之间有黑褐斑。后翅前缘顶角前有一束黑色鳞毛。雄性外生殖器；爪形突、末端大、呈圆形。

生物学特性 在湖南每年发生4～5代。成虫多在清晨羽化，白天一般静伏在枯叶或杂草丛中，夜间进行交尾产卵活动。雌蛾一生可产2～3块卵，每块有卵约140粒。卵产在叶的正、背面。成虫产卵时，将其后翅前缘一束鳞毛留在卵块两旁。在3～4月幼虫吐丝将3～5片嫩叶黏成团并潜入其中取食，没有转移危害习性。4月下旬至5月上中旬为幼虫危害高峰期。

防治方法

营林措施　结合林地管理，摘除黏结在一起的卷叶，其中有幼虫也有蛹；因幼虫善弹跳，捕捉时，勿使逃逸。

物理防治　悬挂黑光灯，诱捕成虫。

化学防治　同茶长卷叶蛾。

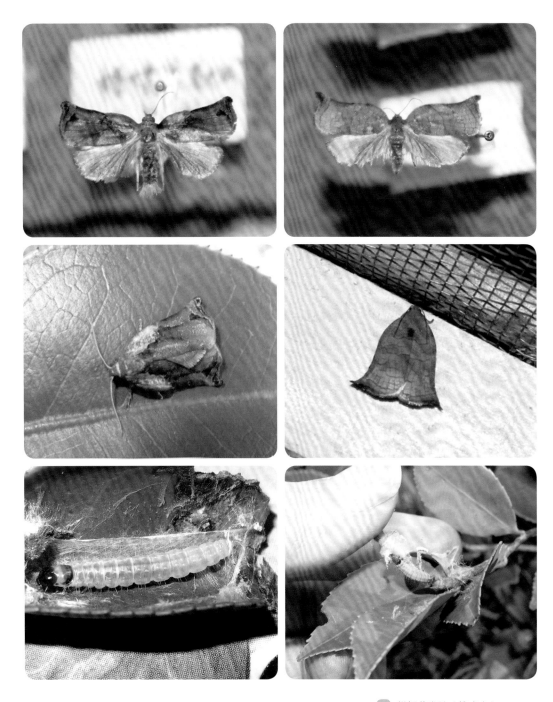

1	2
3	4
5	6

1 柑橘黄卷蛾（雄成虫）

2 柑橘黄卷蛾（雌成虫）

3 柑橘黄卷蛾（雄虫栖息状）

4 柑橘黄卷蛾（雌虫栖息状）

5 柑橘黄卷蛾（幼虫）

6 柑橘黄卷蛾（预蛹）

竖鳞小瘤蛾 *Nola minutalis*

分类地位 鳞翅目瘤蛾科

寄主植物 油茶（新记录）。

危害特点 危害芽苞及幼叶，幼虫钻蛀芽苞内取食，后期吐丝将嫩叶结缀成团，且匿居其中取食危害，被害严重时，幼叶残缺破碎。

形态特征 成虫体小型，前翅白色并夹有部分黑色点状鳞片，翅面近中室的黑斑后方有一条暗褐色的影状斑，胸背板及翅基暗褐色。成虫停栖时形态像炮弹，上尖窄，下宽平齐，外观像毒蛾，终龄幼虫结茧化蛹，茧像船型（李密等，2013c）。

生物学特性 该虫在湖南耒阳采集并饲养至成虫，初步观察，该虫年生1代，以2～3龄幼虫在油茶或其他寄主植物的芽尖部位越冬，翌年4月开始取食危害芽苞及叶片，并于5月结茧。成虫具有弱趋光性。

防治方法

不是油茶重要害虫，一般不需采取特定防治措施，可在防治其他害虫时一起防治。

1 竖鳞小瘤蛾（成虫）

$\dfrac{1}{2}$
$\dfrac{}{3}$

1 竖鳞小瘤蛾（幼虫）
2 竖鳞小瘤蛾（幼虫栖息状）
3 竖鳞小瘤蛾（危害状）

茶梢尖蛾 *Parametriotes theae*

分类地位 鳞翅目尖蛾科

寄主植物 油茶、茶、山茶。

危害特点 幼虫潜食叶肉、蛀食枝梢及叶柄基部。枝梢受害后枯萎。

形态特征 成虫体长4.0～7.0mm，翅展9.0～14.0mm；体灰褐色。触角丝状，基部粗，与体长相等或稍短于前翅。唇须镰刀形，向两侧伸出。头顶和颜面紧被平伏的褐色鳞片。前翅灰褐色，有光泽，散生许多小黑鳞，翅中央近后缘有1个大黑点，离翅端1/4处还有1个小黑点。后翅狭长，基部淡黄色，端部灰黑色。缘毛黑灰色。卵椭圆形，两头稍平，初产时乳白色，透明，3天后变为淡黄色。老熟幼虫体长7.0～9.0mm，体表被稀疏短毛。头部小，深褐色，胸、腹各节黄白色。趾钩呈单序环，臀足趾钩呈缺环。蛹圆柱形，体长5.2～6.2mm，黄色。头部褐色。末节腹面生有1对棍状突起，向上伸出。

生物学特性 在湖南每年发生1代，以幼、中龄幼虫潜入叶内越冬。翌年4月中旬油茶春梢抽发后，转入新梢危害。5月上旬至6月上旬化蛹，6月上旬至7月初出现成虫。卵期40天，幼虫期10～11个月，蛹期55天，成虫期50天。成虫夜间羽化一般白天静伏，黄昏开始活动，若受惊动，即可飞翔。有趋光性，但飞翔力弱。喜在生长旺盛的稀疏林、林缘及树冠的外围产卵。卵多产于叶柄与腋芽之间，也有产于枝条与枝干连接处或裂缝内。卵单产或2～5粒1堆，每只雌蛾一生可产卵约40粒。成虫寿命为3～11天，平均5.93天。

防治方法

营林措施 于成虫羽化前（最宜时间为6～7月）修剪被害枝梢。

生物防治 每年4月中下旬越冬幼虫转蛀时（即转梢危害），用含孢子$2×10^3$/ml的白僵菌喷雾或喷粉。

化学防治 每年4月下旬至5月中下旬，用2%吡虫啉颗粒加柴油和水（1：0.5～1：2），再掺适量细黄泥搅拌均匀，调成浆糊状涂于危害处，具有显著效果，杀虫效果达90%以上。涂药时，应先清除树干基部萌发枝。

1	2
3

1　茶梢尖蛾（幼虫）
2　茶梢尖蛾（危害状）
3　茶梢尖蛾（蛀钻孔）

茶细蛾 *Caloptilia theivora*

别名 三角苞卷叶蛾

分类地位 鳞翅目细蛾科

寄主植物 茶、山茶、油茶。

危害特点 幼虫喜幼嫩叶片取食危害，初孵幼虫（1～2龄）在叶背潜叶危害，随后卷边危害，在卷边内取食叶肉，后期将叶尖卷成三角形虫苞，在苞内取食。

形态特征 成虫，体长4.0～6.0mm，翅展10.0～13.0mm，头、胸部暗褐色，复眼黑色，颜面被黄色毛。触角丝状，褐色。前翅褐色带紫色光泽，近中央处具一金黄色三角形大纹达前缘。后翅暗褐色，缘毛长。卵，长0.3～0.48mm，扁平椭圆形，无色，有水滴状光泽。幼虫，末龄幼虫体长8.0～10.0mm，幼虫共5龄：1龄1.0mm，2龄1.5～2.0mm，3龄2.5～4.0mm，4龄8.0～10.0mm。幼虫乳白色，半透明，口器褐色，单眼黑色，体表具白短毛，低龄阶段体略扁平，头小胸部大，腹部由前渐细，后期体呈圆筒形，能看见深绿色至紫黑色消化道。蛹，长5.0～6.0mm，圆筒形，浅褐色。腹面及翅芽浅黄色，复眼红褐色。茧，长7.5～9.0mm，长椭圆形，灰白色。

生物学特性 在湖南每年发生6～7代，以茧在油茶中下部成熟叶或老叶叶面凹陷处越冬，翌春4月成虫羽化产卵，第1代4月中下旬，2代5月下旬，3代6月下旬至7月上旬，4代7月下旬，5代8月下旬，6代9月下旬至10月上旬，7代11月中旬，4代后出现世代重叠，以5～6代危害最重。成虫晚上活动、交尾，有趋光性。低改油茶林及幼龄油茶林芽叶较多，利其发生。每年夏季受害重。气温升至28℃以上，成虫易死亡，产卵也少，7～8月危害较轻。

防治方法

营林措施　主要在嫩梢上危害，可人工及时摘除卷边叶和三角苞（周孝贵等，2020）。

物理防治　成虫具有趋光性，高峰期可以用诱虫灯诱杀；也可利用茶细蛾性信息素诱捕器进行成虫监测和防治（周孝贵等，2020）。

生物防治　保护寄生蜂茶细蛾锤腹姬小蜂、螟黄赤眼蜂等和捕食性天敌蜘蛛、步甲等（周孝贵等，2020）。

化学防治　在潜叶期及时喷洒80%敌敌畏乳油1000倍液加2.5%三氟氯氰菊酯乳油4000～5000倍液。

1	2
3	4	5
6	7

1 茶细蛾（成虫）
2 茶细蛾（幼虫）
3 茶细蛾（危害状）
4 茶细蛾（危害状）
5 茶细蛾（危害状）
6 茶细蛾（蛹）
7 茶细蛾（危害状）

银纹毛叶甲 *Trichochrysea japana*

分类地位 鞘翅目肖叶甲科

寄主植物 油茶（新记录）。

危害特点 成虫咬食嫩梢或嫩枝，造成叶梢折断、枯死，或者掉落。

形态特征 体长5.7～8.0mm。体铜色或紫铜色；小盾片，前胸背板基缘和翅缝常呈绿色，上唇和触角基部数节棕红，触角端节和足的跗节黑褐。体背毛有两类：一类是黑色粗硬的长竖毛，密布于体背；另一类是银白色柔软的平卧毛或半竖立毛，密布于头；前胸背板和小盾片，鞘翅上的银白毛稀疏，仅在翅端处较密，此外在翅中部稍后面有1条银白色毛密集而成的斜横纹。头部刻点深而密集；呈皱纹状。触角细长，丝状，末端5节稍粗。前胸背板宽稍大于长，刻点粗密，皱纹深，近前角处常具1个光滑的小瘤突；侧边完整明显。鞘翅刻点深，较疏，不规则排列。体腹面竖毛密。

生物学特性 在湖南每年发生1代，以幼虫或蛹在土壤中越冬，成虫3月下旬出现，4月下旬达到成虫危害高峰期，主要咬食春梢或嫩枝，造成叶梢折断或枯死，5月下旬产卵于枯枝落叶层，6月上旬幼虫孵化后钻入土层。

防治方法
不是油茶重要害虫，一般不需采取特定防治措施，可在防治其他害虫时一起防治。

1 | 2

① 银纹毛叶甲（成虫）
② 银纹毛叶甲（栖息状）

1 银纹毛叶甲（取食）

2 银纹毛叶甲（取食）

3 银纹毛叶甲（栖息状）

4 银纹毛叶甲（取食）

5 银纹毛叶甲（危害状）

6 银纹毛叶甲（危害状）

1	2
3	4
5	6

曲胫侏缘蝽 *Mictis tenebrosa*

分类地位 半翅目蝽科

寄主植物 油茶、桉树、木麻黄、竹子、湿地松、相思、白茅、柑橘等。

危害特点 成虫和若虫均可危害油茶，以其刺吸式口器刺入油茶枝条和嫩叶吸取汁液。

形态特征 成虫体长19.5～24.0mm，宽6.5～9.0mm。灰褐色或灰黑褐色。头小，触角同体色。前胸背板缘直，具微齿，侧角钝圆。后胸侧板臭腺孔外侧橙红，近后足基节外侧有1个白绒毛组成的斑点。雄虫后足腿节显著弯曲、粗大，胫节腹面呈三角形突出；腹部第3节可见腹板两侧具短刺状突起；雌虫后足腿节稍粗大，末端腹面有1个三角形短刺。卵长2.6～2.7mm，宽约1.7mm。略呈腰鼓状，横置；黑褐色有光泽；假卵盖位于一端的上方，近圆形。假卵盖上靠近卵中央的一侧，有1条清晰的弧形隆起线。若虫共5龄，1、2龄体形近似黑蚂蚁。1～3龄前胫节强烈扩展成叶状，中、后足胫节也稍扩展。各龄腹背第4、5和第5、6节中央各具1对臭腺孔。

生物学特性 在湖南每年发生2代，以成虫在寄主附近的枯枝落叶下过冬。翌年3月上中旬开始活动，4月下旬开始交尾，4月底至5月初开始产卵，直至7月初，6月上旬至7月中旬陆续死亡。第1代若虫于5月中旬初至7月中旬孵出，6月中旬至8月中旬初羽化，6月下旬至8月下旬初产卵，7月下旬至9月上旬先后死去。第2代若虫于7月上旬至9月初孵出，8月上旬至10月上旬羽化，10月中下旬至11月中旬陆续进入冬眠。卵产于小枝或叶背上，初孵若虫静伏于卵壳旁，不久即在卵壳附近群集取食，一旦受惊，便竞相逃散。2龄起分开，与成虫同在嫩梢上吸汁。

防治方法

营林措施 在阴雨天或晴天早晨露水未干前，成虫、若虫不活泼，多栖息在树冠外围叶片上，可在此时进行捕杀。另外，在5～9月注意摘除叶片上的卵块。

生物防治 保护和利用天敌。

化学防治 在初龄若虫盛期喷药，药剂可用90%晶体敌百虫或80%敌敌畏乳油800～1000倍液，2.5%敌杀死乳油或20%杀灭菊酯2000～3000倍液。

$\dfrac{1}{2}$

1 曲胫侏缘蝽（成虫）
2 曲胫侏缘蝽（危害状）

薄蝽 *Brachymna tenuis*

分类地位 半翅目蝽科

寄主植物 危害包括柑橘、油茶、茶、竹等多种作物。

危害特点 成虫和若虫均可危害油茶，以其刺吸式口器刺入果实、植物枝条和嫩叶吸取汁液。

形态特征 体长14.0～16.0mm；宽6.5mm。体长椭圆形。体黄褐至淡灰褐色。头呈长三角形，侧叶长于中叶，末端稍分开呈缺口状，边缘极细的黑色；触角淡黄，第4、5节末端渐黑。前胸背板前侧缘弯曲，边缘黑色，具粗锯齿；侧角略凸出。前翅膜片淡色透明，中部有1条纵走略弯曲的淡褐色纹。足上密布明显的黑色小圆斑；腹下散布小的排列不规则的黑褐色圆斑。

生物学特性 根据调查，该虫主要以成虫出现在油茶中幼林，出现时间为5月下旬至6月上旬。平时未见有该虫的情况，因此据推断，该虫在湖南油茶林一年1代，至7月成虫产卵。

防治方法
　　不是油茶重要害虫，一般不需采取特定防治措施，可在防治其他害虫时一起防治。

$\dfrac{1}{2}$

1 薄蝽（成虫）

2 薄蝽（栖息状）

稻绿蝽 *Nezara viridula*

分类地位 半翅目蝽科

寄主植物 危害包括油茶、柑橘、水稻、烟草、玉米、油菜、李、梨、苹果等多种作物。

危害特点 以成虫、若虫危害油茶，刺吸顶部嫩叶、嫩茎等汁液，常在叶片被刺吸部位先出现水渍状萎蔫，随后干枯。严重时上部叶片或顶梢萎蔫。

形态特征 成虫有多种变型，常见形态为全绿型。成虫体长12.0～16.0mm，宽6.0～8.0mm，椭圆形，体、足全鲜绿色，头近三角形，触角第3节末及4、5节端半部黑色，其余青绿色。单眼红色，复眼黑色。前胸背板的角钝圆，前侧缘多具黄色狭边。小盾片长三角形，末端狭圆，基缘有3个小白点，两侧角外各有1个小黑点。腹面色淡，腹部背板全绿色。

生物学特性 在湖南每年发生2～3代，以成虫在各种寄主上或背风荫蔽处越冬。一般于4月上旬始见成虫活动，卵产在叶面，30～50粒排列成块，初孵若虫聚集在卵壳周围，2龄后分散取食，经50～65天变为成虫。第1代成虫出现在6～7月，第2代成虫出现在8～9月，第3代成虫于10～11月出现。

防治方法

营林措施 冬春期间，结合抚育、修剪，清除林边附近杂草，减少越冬虫源。利用成虫在早晨和傍晚飞翔活动能力差的特点，进行人工捕杀。

化学防治 若虫虫口密度较大时，选择群集在卵壳附近尚未分散时用药，可选用90%敌百虫700倍液、50%杀螟硫磷乳油1000～1500倍液或菊酯类农药1000～2000倍液喷雾。

$$\frac{1}{\frac{2}{3}}$$

1 稻绿蝽（成虫）

2 稻绿蝽（栖息状）

3 稻绿蝽（危害状）

瓦同缘蝽 *Homoeocerus walkerianus*

分类地位 半翅目缘蝽科

寄主植物 油茶、竹子、茶、柑橘等。

危害特点 成虫和若虫均可危害，以其刺吸式口器刺入果实、植物枝条和嫩叶吸取汁液。

形态特征 成虫体长16.2～17.8mm，宽4.6～5.1mm。体狭长，两侧缘几乎平行，鲜黄绿色。头、前胸背板和前翅的绝大部分褐色。触角4节，第1～3节紫褐色，第4节最短，基半部黄绿或黄色，端半部褐色或黑褐色。前胸背侧角呈三角形，稍向上翘，侧缘密被黑色小颗粒。中、后胸侧板中央各具1个小黑点。前翅前缘有1条黄绿色的带纹，此纹在革片近端1/3处向内扩展成半圆形斑。卵长约2.0mm，宽1.4mm左右，菱形。背中隆起，卵壳具网纹，假卵盖周缘具18枚精孔突。初产时黄褐色，后转深褐色。若虫共5龄。若虫体长15.3～15.8mm，宽6.6～6.8mm，长椭圆形。头、胸部背板中央淡黄褐色，中后胸、腹部、翅芽和足呈黄绿色。触角略短于体长。翅芽达第三腹节后缘。臭腺孔为小黑点状突出。

生物学特性 在湖南每年发生2～3代，以成虫在老油茶林枝叶茂密处越冬。越冬成虫翌年4月中旬开始活动，4月下旬至5月下旬产卵，6月上旬死亡。第1代若虫于5月上旬至6月中旬孵出，6月中旬初至7月下旬羽化，6月底至8月上旬产卵，9月上旬死亡。第2代于7月上旬至8月中旬孵出，8月上旬羽化，同月中下旬产卵；8月中旬以后羽化的，年内不产卵，而于10月中旬后开始停食过冬。若虫共5龄，若虫期30～46天；成虫寿命1.5～2个月，越冬一代寿命长达6～9个月。成虫性喜荫蔽，畏强光，10时前和16时后多在嫩茎、嫩枝上危害；中午强日照时，常栖息叶荫下。卵多聚产于叶面。雌虫每次产卵12～20粒，以12或14粒为多，成行或成块疏散排列。若虫喜在嫩头上吸汁。冬季温暖，春季少雨的年份发生较重；阳坡和较避风处的寄主受害亦较重。

防治方法

营林技术 零星发生不防治。成虫、若虫危害时，人工振落捕杀。

化学防治 成虫出蛰密度大，预计大面积发生时，可在成虫产卵期、若虫孵化期（最好若虫3龄前）喷洒1.1%烟百素乳油1000～1500倍液、27%皂素烟碱溶剂400倍液、0.26%苦参碱水剂500～1000倍液、0.88%双素碱400倍液、3%除虫菊素乳油900～1500倍液、2%烟碱乳剂900～1500倍液、0.3%印楝素乳油1000～2000倍液等。

1	2
3	

① 瓦同缘蝽（成虫）
② 瓦同缘蝽（卵）
③ 瓦同缘蝽（栖息状）

茶翅蝽 *Halymorpha halys*

别名 臭蝽象、臭板虫、臭妮子、臭大姐等

分类地位 半翅目蝽科

寄主植物 油茶、茶，还包括苹果、梨、桃、樱桃、杏、葡萄等果树，也可危害大豆、菜豆、甜菜、芦笋等蔬菜花卉。

危害特点 成虫和若虫均可危害，以其刺吸式口器刺入油茶枝条和嫩叶吸取汁液。除了刺吸对植物造成直接危害外，被刺吸的部位很容易被病菌侵染，可传播病毒。

形态特征 成虫体长一般在12.0~16.0mm，宽6.5~9.0mm，身体扁平略呈椭圆形，前胸背板前缘具有4个黄褐色小斑点，呈一横列排列，小盾片基部大部分个体均具有5个淡黄色斑点，其中位于两端角处的2个较大。不同个体体色差异较大，茶褐色、淡褐色，或灰褐色略带红色，具有黄色的深刻点，或金绿色闪光的刻点，或体略具紫绿色光泽。卵短圆筒形，长0.9~1.2mm，从上方看为球形，具假卵盖，中央微微隆起，周缘环生短小刺毛，初产时青白色、近孵化时变深褐色，若虫即将孵化时卵壳上方出现黑色的三角口。

生物学特性 在湖南每年发生1~2代，以受精的雌成虫在林地附近房屋的室内或室外的屋檐下等隐蔽处越冬。翌年4月下旬至5月上旬，成虫陆续出蛰。越冬代成虫可一直危害至6月，然后多数成虫迁出林地，到其他植物上产卵，并发生1代若虫。在6月上旬以前所产的卵，可于8月以前羽化为第1代成虫。第1代成虫可很快产卵，并发生第2代若虫。而在6月上旬以后产的卵，只能发生1代。在8月中旬以后羽化的成虫均为越冬代成虫。越冬代成虫平均寿命为301天，最长可达349天。

防治方法

物理防治 采用诱虫灯灭杀成虫，或越冬期成虫聚集在越冬场所后集中灭杀。

生物防治 寄生蜂如平腹小蜂能寄生卵，捕食性天敌如螳螂、瓢虫、草蛉取食卵或若虫。合理种植向日葵诱集茶翅蝽，对诱集到的茶翅蝽集中处理。

化学防治　在卵孵化期和低龄若虫期，喷施2.5%溴氰菊酯乳油、4.5%高效氯氰菊酯乳油、25%噻虫嗪水分散粒剂以及1.8%阿维菌素乳油均可取得较好的防治效果，也可采用植物代谢物苯甲酸甲酯等进行防治。

$\dfrac{1}{2}$

① 茶翅蝽（成虫）

② 茶翅蝽（前胸背板特写）

斑须蝽 *Dolycoris baccarum*

别名 细毛蝽、斑角蝽、臭大姐

分类地位 半翅目蝽科

寄主植物 杂食性，除油茶外，可危害稻作、大豆、玉米、绿豆、蚕豆、棉花、烟草、山楂、苹果、桃、梨等多种作物、果树和观赏植物等。

危害特点 成虫和若虫刺吸嫩叶、嫩茎汁液。茎叶被害后，出现黄褐色斑点，严重时叶片卷曲，嫩茎凋萎，影响生长。

形态特征 成虫体长8.0~13.5mm，宽约6.0mm，椭圆形，黄褐或紫色，密被白绒毛和黑色小刻点；触角黑白相间；喙细长，紧贴于头部腹面。小盾片近三角形，末端钝而光滑，黄白色。前翅革片红褐色，膜片黄褐色，透明，超过腹部末端。胸腹部的腹面淡褐色，散布零星小黑点，足黄褐色，腿节和胫节密布黑色刻点。卵粒圆筒形，初产浅黄色，后灰黄色，卵壳有网纹，生白色短绒毛。卵排列整齐，成块。若虫形态和色泽与成虫相同，略圆，腹部每节背面中央和两侧都有黑色斑。

生物学特性 在湖南每年发生1~3代，以成虫在植物根际、枯枝落叶下、树皮裂缝中或屋檐底下等隐蔽处越冬。第1代发生于4月中旬至7月中旬，第2代发生于6月下旬至9月中旬，第3代发生于7月中旬一直到翌年6月上旬。后期世代重叠现象明显。成虫多将卵产在油茶上部叶片正面或果实的包片上，呈多行整齐排列。初孵若虫群集危害，2龄后扩散危害。成虫及若虫有恶臭，均喜群集于油茶幼嫩部分吸食汁液。

防治方法

不是油茶重要害虫，一般不需采取特定防治措施，可在防治其他害虫时进行防治。

营林技术 合理密植，增加田间通风透光度。

化学防治 若成虫或若虫灾害性发生时，可采取20%灭多威乳油1500倍液、90%敌百虫晶体1000倍液、50%辛硫磷乳油1000倍液、5%百事达乳油1000倍液、

2.5%敌杀死乳油1000倍液、2.5%鱼藤酮乳油1000倍液、2.5%功夫乳油1000倍液等药剂进行防治。

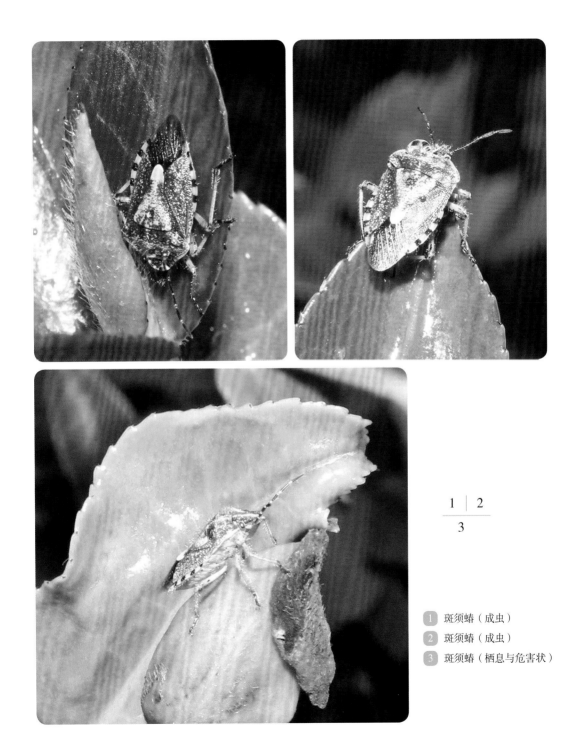

1　斑须蝽（成虫）
2　斑须蝽（成虫）
3　斑须蝽（栖息与危害状）

茶二叉蚜 *Toxoptera aurantii*

别名 茶蚜，蜜虫、腻虫、油虫

分类地位 半翅目蚜科

寄主植物 危害油茶树外，还危害茶、咖啡、可可、无花果等植物。

危害特点 为刺吸式口器的害虫，常群集于叶片、嫩茎、花蕾、顶芽等部位，刺吸汁液，使叶片皱缩、卷曲、畸形，严重时引起枝叶枯萎甚至整株死亡。蚜虫分泌的蜜露还会诱发煤污病、病毒病并招来蚂蚁危害等。

形态特征 有翅成蚜：体长约2.0mm，黑褐色，有光泽；触角第3～5节依次渐短，第3节一般有5～6个感觉圈排成一列，前翅中脉二叉，腹部背侧有4对黑斑，腹管短于触角第4节，而长于尾片，基部有网纹。有翅若蚜：棕褐色，触角第3～5节几乎等长，感觉圈不明显，翅蚜乳白色。无翅成蚜：近卵圆形，稍肥大，棕褐色，体表多细密淡黄色横列网纹，触角黑色，第3节上无感觉圈，第3～5节依次渐短。无翅若蚜：浅棕色或淡黄色。卵：长椭圆形，一端稍细，漆黑色而有光泽。

生物学特性 在湖南每年发生25代以上，以卵在油茶叶背越冬，有些无明显越冬现象。当早春2月下旬平均气温持续在4℃以上时，越冬卵开始孵化，3月上中旬可达到孵化高峰，经连续孤雌生殖，到4月下旬至5月上中旬出现危害高峰，此后随气温升高而虫口骤降，直至9月下旬至10月中旬，出现第2次危害高峰，并随气温降低出现两性蚜，交配产卵越冬，产卵高峰一般在11月上中旬。

防治方法

生物防治 茶蚜的天敌资源十分丰富，如瓢虫、草蛉、食蚜蝇等捕食性天敌和蚜茧蜂等寄生性天敌。春季在林间释放异色瓢虫等天敌，对茶蚜种群的消长可起到明显的抑制作用。

化学防治 危害较重的油茶幼林可采用农药防治，施药方式以低容量蓬面扫喷为宜。药剂可选用10%吡虫啉、80%敌敌畏、50%辛硫磷。

1	2
3	4
5	

① 茶二叉蚜（集聚状）　　　④ 茶二叉蚜（危害状）

② 茶二叉蚜（集聚状）　　　⑤ 茶二叉蚜（危害状）

③ 茶二叉蚜（危害状）

（三）｜叶片害虫

茶角胸叶甲 *Basilepta melanopus*

别名 黑足角胸肖叶甲、黑足角胸叶甲

分类地位 鞘翅目肖叶甲科

寄主植物 茶、油茶。

危害特点 成虫咬食当年生油茶叶片至半透明空洞，幼虫取食油茶根系。当虫口密度较大时，每叶片空洞多达上百个，并导致落叶，严重影响油茶光合作用，对油茶产量、品质影响很大。

形态特征 成虫体翅棕黄色。头颈短，头部刻点小且稀，复眼椭圆形，黑褐色。前胸背板宽于长，刻点排列不规则，刻点较大且密，侧缘后端 1/3 处外凸成尖角状，前端 1/3 呈钝角状，后缘具一隆脊线。小盾片近梯形，光滑无刻点。鞘翅背面具 10～11 行小刻点，每行 24～38 个，排列整齐。后翅浅褐色膜质。各足腿节、胫节端部及跗节黑褐色，其余黄褐色。卵长 0.7mm，长椭圆形，两端钝圆，初白色，孵化前变为暗黄色。末龄幼虫体长 4.4～5.2mm，"C" 形，头部黄褐色，上颚黑褐色，体白微带黄色，3 对胸足。蛹长 3.9～4.1mm，头浅黄色。

生物学特性 在湖南每年发生 1 代，以幼虫在土中越冬。翌年 4 月上旬越冬幼虫开始化蛹，4 月底至 5 月上旬成虫羽化，5 月中旬进入成虫危害盛期，成虫傍晚集中取食，早晨露水未干前一般不活动，阴雨天成天取食。6 月下旬开始减少，5 月下旬产卵，7 月上旬孵化，以幼虫越冬。该虫卵期约 14 天，幼虫期 280～300 天，蛹期 15 天，成虫期 40～60 天（李密等，2013a）。

防治方法

营林措施 冬季修剪时施肥翻土，深度 20cm 以上，减少越冬害虫基数（李耀明，2021）。利用成虫假死习性，在成虫盛发期早晚用塑料薄膜接于树下，摇晃树干振落成虫，集中消灭（周孝贵等，2018）。

物理防治　每667m^{2}悬挂粘黄板20～25张进行色板诱控（李耀明，2021）。

生物防治　可选择400亿孢子/g球孢白僵菌的可湿粉剂，使用2次：第1次结合冬季翻耕土壤采用毒土法，第2次在成虫出土盛期前10天使用，每次667m^{2}使用量100g（李耀明，2021）。保护步甲、蚂蚁等天敌，用白僵菌等生物制剂处理土壤（周孝贵等，2018）。

化学防治　在成虫出土始盛期每667m^{2}可选用10%联苯菊酯水乳剂2000倍液或15%茚虫威乳油17～22ml（李耀明，2021）。

1	2	3
4	5	6
7		

1　茶角胸叶甲（成虫）
2　茶角胸叶甲（幼虫）
3　茶角胸叶甲（蛹）
4　茶角胸叶甲（卵）
5　茶角胸叶甲（成虫聚集与栖息状）
6　茶角胸叶甲（幼林危害状）
7　茶角胸叶甲（叶片危害状）

刺股沟臀叶甲 *Colaspoides opaca*

别名 油茶金花虫

分类地位 鞘翅目、肖叶甲科

寄主植物 油茶、李、桃、梨、苹果、蔷薇属、月季、委陵菜、艾蒿、麻栎、长梗柳、算盘子属、柠檬桉、玉米、曼青冈。

危害特点 取食油茶叶片成缺失状。

形态特征 体背金属绿色、蓝色或蓝紫色，腹面黑色或黑褐；在绿色个体中，后胸腹面常染绿色。触角和足棕黄或棕红，前者的末端5节黑色或黑褐。体长6.0～7.0mm；体宽2.9～3.3mm。头部刻点较密，大小不一，头顶刻点细小，唇基刻点较大；头顶中央有一条纵沟纹。触角细长，丝状，达体长的2/3；第1节膨阔，第2节短小，第3节约为第2节长的两倍，3、4两节约等长，稍短于第5节，其后各节与第5节约等长。前胸横宽，宽约为长的两倍，端部稍狭于基部，侧缘弧形，稍敞出，前角稍向前突出；盘区刻点细小，不密，两侧有细纵皱纹。小盾片心形，中部具细小刻点或光滑无刻点。鞘翅基部与前胸约等宽，肩部圆隆，基部隆起不显；盘区刻点较密，近外侧的刻点较粗大，近中缝的较细小。前胸前侧片前缘稍凸出；后侧片光亮，无刻点。腿节腹面中部向下扩展，雄虫后腿节腹面中部有一根长大的刺，雌虫后腿节无刺；雄虫前、中足跗节第1节较宽阔（罗辑等，2020）。

生物学特性 在湖南每年发生1代，成虫取食油茶叶片，幼虫在土壤中生活。翌年4月中旬越冬幼虫化蛹，4月下旬成虫始见，高峰期在5月中旬至6月中旬；每雌虫可产卵35～100粒。

防治方法

营林措施　幼虫和蛹主要位于浅土层，可在秋冬抚育翻耕土壤灭杀幼虫和蛹；结合中耕清除落叶杂草，深埋行间或清出油茶林集中处理，杀灭成虫和卵。成虫危害高峰期，利用成虫假死习性，振落集中消灭。

　　生物防治　保护天敌，利用螳螂、步甲和蚂蚁等天敌捕杀幼虫和卵；利用鸡鸭啄食；用白僵菌等生物制剂处理土壤。

　　化学防治　在成虫羽化后10～15天选用10%联苯菊酯水乳剂1000～2000倍液进行喷施防治。

1	2
3	5
4	

1　刺股沟臀叶甲（雄成虫）
2　刺股沟臀叶甲（雌成虫）
3　刺股沟臀叶甲（取食特点）
4　刺股沟臀叶甲（交配）
5　刺股沟臀叶甲（危害状）

铜背亮肖叶甲 *Chrysolampra cuprithorax*

分类地位 鞘翅目肖叶甲科

寄主植物 油茶。

危害特点 取食油茶叶片成缺失状。

形态特征 成虫体长8.0mm，体宽卵形；头、前胸背板铜色，鞘翅蓝紫色，体腹面暗蓝色，稍具绿色和紫色光泽，头部刻点深，适当密，复眼之后有皱纹，毛细小、稀疏；额中部有一瘤突，具一条中央纵沟。触角长超过鞘翅中部，端节不加粗。前胸背板宽超过长的2倍，两侧圆形，前端收狭，前角稍突出；基部边缘略圆，中部稍向后凸出；盘区刻点与头部的相似，但两侧较粗大，在粗刻点之间杂有微细刻点。小盾片具细小刻点。鞘翅基部与前胸背板约等宽，表面无皱褶；基部隆起，其后有一横凹；盘区刻点粗深，排列成不规则紧密纵行，中部之后刻点较细小。前胸前、后侧片均具刻点，前侧片疏被毛。前胸腹板宽大于长，刻点粗大，具长毛。前足腿节腹面中部向下扩展成三角形；爪具附齿。

生物学特性 不详。

防治方法

生物防治 利用鸟类、蚂蚁、步甲等捕食，也可放鸡鸭啄食。提倡用白僵菌、苏云金杆菌处理土壤。

化学防治 在幼虫期、蛹期先翻松土层，距树兜20cm开浅沟后喷洒20%速灭杀丁或2.5%敌杀死乳油3000倍液或50%辛硫磷乳油1000倍液，再混匀覆盖，蛹期施药效果较幼虫期好。成虫羽化后及时喷洒上述杀虫剂，隔10天再防一次。

1	
2	
3	4

①　铜背亮肖叶甲（成虫）

②　铜背亮肖叶甲（成虫）

③　铜背亮肖叶甲（栖息状）

④　铜背亮肖叶甲（危害状）

双黄斑隐头叶甲　*Callirhopalus setosus*

分类地位 鞘翅目叶甲科

寄主植物 油茶。

危害特点 取食叶片至缺刻状。

形态特征 体长3.0～4.0mm，宽2.0～2.5mm。体小型，长方形，淡棕黄色，腹面部分黑褐；小盾片淡棕黄，但基部黑色；鞘翅黑色或黑褐色，每翅中部有1个黄色大横斑；触角基部4节淡棕黄，余节黑褐色。头部光亮，刻点十分细小，不显。触角细，约达体长之半，第1节较粗，第2节短小，椭圆形，约为第1节长之半，3～5节细，与第1节约等长，第6节基细端粗，末节5节稍粗。前胸横宽，由基向端逐渐收狭，侧边狭，弧圆形；盘区光滑，无刻点。小盾片心形，基部中央有1个小凹洼。鞘翅刻点粗深，端部刻点较小，排列成规则的纵行，行距隆起呈脊状；腹面的缘折呈弧圆形，表面分布有两行粗大刻点。

生物学特性 不详。

防治方法

　　该虫属于油茶偶见害虫，可不进行针对性防控，若灾害性发生时，可参照相关刺股沟臀叶甲的防控措施。

1 双黄斑隐头叶甲（成虫）

94

$\dfrac{1}{2}$

① 双黄斑隐头叶甲（危害状）

② 双黄斑隐头叶甲（危害状）

刚毛遮眼象　*Callirhopalus setosus*

分类地位）鞘翅目象甲科

寄主植物）油茶。

危害特点）以成虫危害油茶的叶片，常造成缺刻。

形态特征）成虫体长4.0～5.0mm。触角柄节不超过眼的后缘。鞘翅远在中间之后最宽，其背曲线高度突出，与前胸的轮廓形成显著的角，鞘翅基部略有波纹，鞘翅的毛为鳞片状，顶端多钝或截断形，行间一样高，鞘翅行纹的4、6部分毛少或完全没有，端部1/3处无瘤。胫节内缘无明显的1列小齿。

生物学特性）在湖南每年发生1代，成虫取食油茶叶片，幼虫在土壤中生活。翌年4月中旬越冬幼虫化蛹，4月下旬成虫始见，高峰期在5月中旬至6月中旬。

防治方法）

营林措施　结合秋冬季抚育、施肥，将树冠下土层深翻10cm，破坏土室。成虫上树后，利用其假死性振摇树枝，使其跌落在树下铺的塑料布上，然后集中销毁。

化学防治　3月底至4月初成虫出土时，在地面喷洒50%辛硫磷乳油200倍液，使土表爬行成虫触杀死亡。春夏梢抽发期，成虫上树危害时，用2.5%敌杀死乳油1500倍液，或用90%万灵可湿性粉剂3000～4000倍液喷杀。

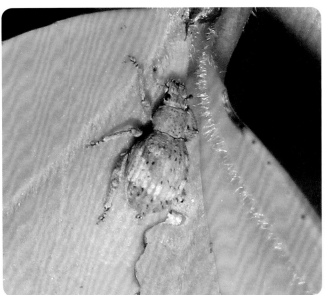
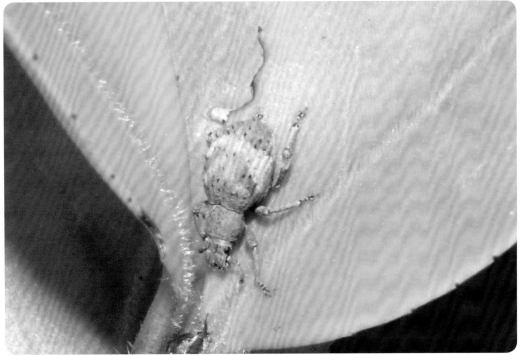

$$\frac{1 \mid 2}{3}$$

1　刚毛遮眼象（成虫交配）

2　刚毛遮眼象（成虫）

3　刚毛遮眼象（危害状）

广西灰象 *Sympiezomias citri*

别名 柑橘灰象甲

分类地位 鞘翅目象甲科

分布 分布于贵州、四川、福建、江西、湖南、广东、浙江、安徽、陕西等省。

寄主植物 除油茶外，可危害柑橘类、桃、李、杏、无花果等多种作物。

危害特点 以成虫危害油茶的叶片及幼果。老叶受害常造成缺刻；嫩叶受害严重时吃得精光；嫩梢被啃食成凹沟，严重时萎蔫枯死；幼果受害呈不整齐的凹陷或留下疤痕，重者造成落果。

形态特征 成虫体密被淡褐色和灰白色麟片。头管粗短，背面漆黑色，中央纵列1条凹沟，从喙端直伸头顶，其两侧各有1浅沟，伸至复眼前面，前胸长略大于宽，两侧近弧形，背面密布不规则瘤状突起，中央纵贯宽大的漆黑色斑纹，鞘翅基部灰白色。雌成虫鞘翅端部较长，合成近"V"形，腹部末节腹板近三角形。雄成虫两鞘翅末端钝圆，合成近"U"形。末节腹板近半圆形。无后翅。长筒形而略扁，乳白色，后变为紫灰色。折叠末龄幼虫体乳白色或淡黄色。蛹长9.0~10.0mm，淡黄色，头管弯向胸前，上额似大钳状，前胸背板隆起，中脚后缘微凹，腹末具黑褐色刺1对（劳有德，2018）。

生物学特性 在湖南每年发生1代，以蛹在油茶树附近的土壤中越冬。翌年3月底至4月中旬出土，4月中旬至5月上旬是危害高峰期，5月为产卵盛期，5月中下旬为卵孵化盛期。成虫寿命长，某些地区8~9月依然可见少量成虫（肖惠华等，2016）。

防治方法
营林措施　冬季结合施肥，将树冠下土层深翻15cm，破坏土室。成虫发生高峰期，利用其假死性振摇树枝，使其跌落在树下铺的塑料布上，然后集中销毁（劳有德，2018）。

化学防治 3月底至4月初成虫出土时，在地面喷洒50%辛硫磷乳油200倍液，使土表爬行成虫触杀死亡。春夏梢抽发期，推荐使用药剂为2000倍2.5%高效氟氯氰菊酯乳油，或者2000倍2.5%高效氟氯氰菊酯乳油和800倍2.2%甲维盐乳油混合的药剂（肖惠华等，2016）。

1	2
3	4

1 广西灰象（成虫）

2 广西灰象（交配）

3 广西灰象（危害状）

4 广西灰象（危害其他植物）

茶丽纹象甲 *Myllocerinus aurolineatus*

别名 茶叶象甲、黑绿象甲、花鸡娘

分类地位 鞘翅目象甲科

寄主植物 茶、油茶、山茶、柑橘、梨、桃等。

危害特点 其成虫咀食新梢叶片，自叶缘咬食，呈许多不规则缺刻，甚至仅留主脉。严重时油茶林残叶秃脉，影响产量，损伤树势。其幼虫栖息土中咬食须根。

形态特征 成虫体长6.0～7.0mm，灰黑色，体背具有由黄绿色闪金光的鳞片集成的斑点和条纹，腹面散生黄绿或绿色鳞毛。触角膝状，柄节较直而细长，端部3节膨大。鞘翅上也具黄绿色纵带，近中央处有较宽的黑色横纹。卵椭圆形，黄白至暗灰色。幼虫体长5.0～6.2mm，乳白至黄白色，体多横皱，无足。蛹长椭圆形，长5.0～6.0mm，黄白色，羽化前灰褐色。头顶及各体节背面有刺突6～8枚，胸部的较显著。

生物学特性 在湖南每年发生1代，多以老熟幼虫在树兜边际土壤中越冬。3～4月越冬幼虫陆续化蛹，4月中下旬成虫开始分批出土，5月是成虫盛发期，产卵盛期在5月上旬至6月。成虫终见期在8月。在一天中以16:00～20:00时取食最烈，主要危害新梢嫩叶，自叶缘咬食，呈许多半环形缺刻，甚至仅留叶脉。成虫具假死性，卵散产于树下松土间，多数分布在根际周围。平均每雌可产200多粒。幼虫在土中取食寄主须根。成虫寿命9～58天，最长的123天，卵期一般9天，最长的14天。

防治方法

营林措施　掌握在盛蛹期，于油茶双侧深耕土壤10cm，对土中的虫蛹有较好的杀除效果。利用成虫假死性，于盛发期振动油茶树，对掉落成虫集中消灭。

生物防治　每年春季（3月下旬至4月）可选用白僵菌871菌株粉剂22.5kg/hm^{2}毒土施菌；成虫出土高峰前喷施1.2%苦参素500倍液，或与白僵菌871菌粉0.5～1.0kg/667m^{2}液喷雾防治（林武等，2021）。

化学防治 成虫出土时,在地面喷洒50%辛硫磷乳油200倍液,使土表爬行成虫触杀死亡。春夏梢抽发期,推荐使用药剂为10%虫螨腈悬浮剂(龙同等,2019); 2000倍2.5%高效氟氯氰菊酯乳油,或者2000倍2.5%高效氟氯氰菊酯乳油和800倍2.2%甲维盐乳油混合的药剂。

1 茶丽纹象甲

赭丽纹象 *Myllocerinus ocnrolineatus*

分类地位 鞘翅目象甲科

寄主植物 茶、油茶等。

危害特点 以成虫危害叶片、枝条表皮及果实表皮。受害叶片常造成缺刻，嫩叶受害严重时被吃得精光；枝条表皮被取食后，呈现枝条长势衰弱状或直接枯死；幼果受害呈不整齐的凹陷或留下疤痕，重者造成落果。幼虫栖息土中咬食须根。

形态特征 体长4.8~6.0mm。体壁多淡红褐色，被覆略发金光的赭色鳞片，行间1、9全部被覆鳞片，行间3、5、7、8中间不被覆鳞片。额宽大于长（6:5）。鞘翅后端较宽而隆起，行纹较明显，行间较突出，鞘翅鳞片稀疏，仅有纵纹。

生物学特性 在湖南每年发生1代，多以老熟幼虫在油茶树冠下土中越冬。每年的4~5月成虫出土，5月中旬达到成虫羽化高峰期，并对油茶叶片、枝条或果实表皮造成危害。成虫具一定的躲避性，一旦惊扰，常躲于枝条或叶片背面。

防治方法
营林措施　在幼虫高峰期或盛蛹期，结合林地抚育破坏其生长环境，或翻耕土壤致使虫体暴露。
生物防治　参照茶丽纹象甲防治方法。
化学防治　参照茶丽纹象甲防治方法。

1	2
3	
4	

1 赭丽纹象（成虫）

2 赭丽纹象（取食枝梢叶片）

3 赭丽纹象（取食叶片）

4 赭丽纹象（取食枝梢表皮）

柑橘斜脊象甲　*Platymycteropsis mandarinus*

别名　小绿象甲、小粉绿象甲

分类地位　鞘翅目象甲科

寄主植物　油茶和其他果实。

危害特点　成虫取食油茶叶片，咬食叶片至破烂状。

形态特征　成虫体长6.0～9.0mm，肩宽2.5～3.0mm。体灰褐色，体表被浅绿、黄绿色鳞粉。触角细长，9节，柄节最长。鞘翅上各有由刻点组成的10条纵行沟纹。前足比中、后足粗长，腿节膨大粗壮；足的跗节均为4节。

生物学特性　在湖南每年发生2代，以幼虫在土壤中越冬。第1代成虫出现盛期在5～6月，第2代在7月下旬。一年中从4月下旬至7月可见成虫活动，5～6月发生量较大。此虫危害初期，一般先在油茶林的边缘开始发生，常有数十头至数百头以上群集在同一果株上取食危害。成虫有假死习性，受到惊动即滚落地面。

防治方法

物理防治　采用对树干涂胶环，防止成虫上树的方式，即在成虫开始上树时期，用胶环包扎树干。黏胶的配制方法：蓖麻油40份，松香60份，黄蜡2份，先将油加温至120℃，然后慢慢加松香粉，边加边搅拌，再加入黄蜡，煮拌至完全溶化，冷却后使用。将要涂胶的树干整平并擦拭干净尘土后涂胶，涂胶的宽度5 cm左右，环绕树干涂1周；当胶环失去黏性后应及时再涂抹，每天将黏在胶环上或胶环下的成虫杀死。捕杀成虫，利用害虫具群集性、假死性的特点，在10:00前和17:00后，用盆子装适量水并加入少量煤油或机油，在有虫株下放置，用手振动树枝，使虫子坠落盆内，以捕杀成虫。

化学防治　喷洒有效药剂品种：20%速灭杀丁乳油1000～1500倍液，或90%敌百虫800～1000倍液加0.2%洗衣粉，或80%敌敌畏800～1000倍液，或其他菊酯类杀虫剂。

1
—
2
—
3

1 柑橘斜脊象甲（成虫）

2 柑橘斜脊象甲（危害状）

3 柑橘斜脊象甲（栖息状）

绿鳞象甲 *Hypomeces squamosus*

别名 蓝绿象、绿绒象虫、棉叶象鼻虫、大绿象虫

分类地位 鞘翅目象甲科

寄主植物 油茶树、柑橘、棉花、甘蔗、桑树、大豆、花生、玉米、烟、麻等植物。

危害特点 成虫食叶成缺刻，危害新植油茶树叶片，致植株死亡。

形态特征 体长15.0～18.0mm，全体黑色，密披墨绿、淡绿、淡棕、古铜、灰、绿等闪闪有光的鳞毛，有时杂有橙色粉末。头、喙背面扁平，中间有一宽而深的中沟，复眼十分突出，前胸背板以后缘最宽，前缘最狭，中央有纵沟。小盾片三角形。雌虫腹部较大，雄虫较小。卵，椭圆形，长约1.0mm，黄白色，孵化前呈黑褐色。幼虫，初孵时乳白色，成长后黄白色，长13.0～17.0mm，体肥多皱，无足。蛹，长约14.0mm，黄白色。

生物学特性 在湖南每年发生1代，以成虫或老熟幼虫越冬。4～6月成虫盛发，8月成虫开始入土产卵。成虫白天活动，飞翔力弱，善爬行，有群集性和假死性，出土后爬至枝梢危害嫩叶，能交配多次。卵多单粒散产在叶片上，产卵期80多天，每雌产卵80多粒。幼虫孵化后钻入土中10～13cm深处取食杂草或树根。幼虫期80多天，9月孵化的长达200天。幼虫老熟后在6～10cm土中化蛹，蛹期17天。靠近山边、杂草多、荒地边的油茶林受害重。

防治方法

　　营林措施　中耕杀死部分幼虫和蛹，利用成虫假死性进行人工捕捉。在成虫出土高峰期振动油茶树，下面用塑料膜承接后集中烧毁（劳有德，2018）。

　　物理防治　用胶黏杀。用桐油加火熬制成胶糊状，涂在树干基部，宽约10cm，象甲上树时即被黏住，涂一次有效期2个月（劳有德，2018）。

　　化学防治　必要时喷洒50%辛硫磷乳油800倍液防治。喷药时树冠下地面也要喷湿，杀死坠地的假死象虫。

$\dfrac{1}{2}$

1 绿磷象甲（成虫）

2 绿磷象甲（交配状）

油茶卷象 *Apoderus* sp.

别名 卷叶象甲

分类地位 鞘翅目卷象科

寄主植物 油茶。

危害特点 成虫取食叶片上表皮或下表皮至半透明状。雌虫切叶,将叶片卷成筒状,并产卵于内,幼虫栖居筒巢内并以筒巢为食料。

形态特征 成虫体长7.0~8.0mm,宽3.5~4.0mm,喙短约为头长的2/5,基部细,向端逐宽,口器着生处最宽;触角棒状11节,棒状部由5节组成,端部3节较粗大,触角着生在喙基部背面中央,复眼前内侧中间相距,盾片倒梯形,端缘中间内凹。鞘翅上刻点粗大成8条纵沟,在第2、3沟间近翅基部1/3处,有1明显瘤状凸起,凸起部刻点沟间的隆脊较粗大;后足腿节端部黑色。腹部短小,臀板黑褐色。卵椭圆形长1.0mm,宽0.6mm,淡黄色。幼虫体长8.0mm,体中部粗大,两端稍尖细,弯曲呈"C"字形。体淡黄白至淡黄色,体背面和胸部稍黄,可透见消化道暗黑色。蛹长5.0mm左右,初鲜黄渐变淡黄白色,复眼黑色,翅芽灰黑。

生物学特性 不详。

防治方法

该虫属于油茶偶见害虫,可不进行针对性防控,若灾害性发生时,可参照叶甲或广西灰象的防控措施。

$$\frac{1}{2 \mid 3}$$

1 油茶卷象（成虫）

2 油茶卷象（危害状）

3 油茶卷象（危害状）

斑喙丽金龟 *Adoretus tenuimaculatus*

别名 斑点喙丽金龟、茶色金龟子、葡萄丽金龟

分类地位 鞘翅目丽金龟科

寄主植物 食性杂，主要寄主有油茶、葡萄、刺槐、黄麻、棉花，其次为油桐、榆、梧桐、枫杨、梨、苹果、杏、柿、李、樱桃等。

危害特点 以成虫取食油茶叶片，常从叶片中间开始取食，致使油茶叶片呈现破烂状。

形态特征 体长9.4～10.5mm，宽4.7～5.3mm，小型甲虫，体长椭圆形。体褐或棕褐色，腹部色泽常较深。全体密被乳白披针形鳞片，光泽较暗淡。头大，唇基近半圆形，前喙高高折翘；头顶隆拱，眼鼓大，上唇下方中部向下延伸似喙、具中纵脊。触角10节，棒状部3节组成，雄虫长，雌虫短。前胸背板甚短阔，前、后缘近平行，侧缘弧形扩出，前侧角锐角形，后侧角钝角形。小盾片三角形。鞘翅3条纵肋可辨，在第1、2纵肋上常有3～4鳞片，多而聚成呈列白斑，端凸上鳞片紧挨而成最大最显的白斑，其外侧有1个小白斑。臀板短阔三角形，雄虫于端缘边框扩大成1个三角形裸片。腹部侧端呈纵脊状。前足胫节外缘3齿，内缘距正常，后足胫节后缘有1个小齿突。

生物学特性 在湖南每年发生2代，均以幼虫越冬。4月中旬至6月上旬化蛹，5月上旬成虫始见，5月下旬至7月中旬进入盛期，7月下旬末期。第1代成虫8月上旬出现，8月上旬至9月上旬进入盛期，9月下旬为末期。成虫昼伏夜出，取食、交配、产卵，黎明陆续潜土。产卵延续时间11～43天，平均为21天，每雌产卵10～52粒，卵产于土中。常以菜园、红薯地落卵较多，幼虫孵化后危害植物地下组织，10月开始越冬。

防治方法

营林措施 种植隔离带，紫穗槐树对其有毒杀作用，在林间栽植几行紫穗槐作为隔离带，但中毒后的斑喙丽金龟会苏醒，必须及时将其处死。

生物防治 白鹭等鸟类在4月初对金龟类害虫幼虫的捕食明显,有效降低越冬虫口基数(吴瑾等,2020)。

物理防治 成虫有较强的趋光性,林间设置杀虫灯进行防治,并利用性信息素诱捕斑喙丽金龟。

化学防治 6月初、9月初大批成虫开始羽化,全面喷施新威雷(绿色威雷)触破式微胶囊水剂300~400倍液能达到极好的防治效果,应注意施药时间选择在20:00以后且间隔3~4天连续喷施2~3次即可。

1	2
	3
4	5

1 斑喙丽金龟(成虫)   4 斑喙丽金龟(果实危害状)

2 斑喙丽金龟(交配)   5 斑喙丽金龟(危害状)

3 斑喙丽金龟(危害状)

粉歪鳃金龟 *Cyphochiclus farinosus*

分类地位 鞘翅目鳃金龟科

寄主植物 油茶。

危害特点 以成虫取食油茶叶片，以当年生叶片为主，致使叶片缺失。

形态特征 体长17.5～21.0mm，体阔8.0～10.0mm。中型甲虫，体近长椭圆形。体上面密被白垩色披针形鳞片，鳞片间微露深褐体色，鞘翅纵肋IV外侧与缘折之间，端部端凸以下鳞片密叠，底色不显。有的个体背面鳞片姜黄色，但纵肋IV外侧鳞片白垩色不变。其余除腹部深褐色、胸下褐色外，都呈黄褐色，鞘翅缘折无鳞片。臀板及腹部鳞片较小较疏，胸下密被绒毛，两侧有少数鳞片。头宽大，唇基短宽，略呈梯形，边缘折翘，额部中央有纵长三角形凹坑，头上鳞片均指向头顶中心似旋。触角10节，鳃片部3节组成，雄虫鳃片十分狭长，雌虫则甚短小。上唇显著不对称，右半强度下扩，布具绒毛刻点，基部可见少数鳞片。下颚须末节末端收尖。前胸背板短阔，鳞片挤密，前缘边框之后有一道横沟，侧缘弧形扩阔，前侧角锐而前伸，后侧角钝角形。小盾片半圆形。鞘翅4条纵肋狭而高，纵肋IV外侧陡直下折。臀板宽三角形，末端圆钝。胸下密被绒毛，前胸腹板于基节之间有1扁形垂突。雄虫腹下面微凹陷。足较细长，前胫外缘3齿。爪成对对称，爪下齿微小，接近爪基。

生物学特性 在湖南每年发生1代，以蛹或老熟幼虫在土壤里越冬。翌年3月成虫出现，以取食油茶新生叶片为生，3月下旬达到羽化高峰期，并开始交配产卵，卵产于油茶根系表土层。幼虫孵化后即钻入根际土壤，以油茶根系及土壤腐殖质为食。

防治方法

营林措施　深耕翻土，促进幼虫蛹、成虫死亡。避免施用未腐熟的厩肥，减少成虫产卵。

生物防治　采用2×10^{10}/g的球孢白僵菌菌粉加4%促萌剂，再加15kg细土混匀后撒施于植株间盖土，并适当浇水，防治幼虫。

化学防治 幼虫发生期可选用50%的辛硫磷乳油250g，兑水2000～2500g喷于25～30kg细土上拌匀制成毒土，撒于地表，随即耕翻（吴瑾等，2020）。可在成虫发生期喷洒50%的杀螟硫磷乳油1500倍液。

$\dfrac{1}{2}$

❶ 粉歪鳃金龟（成虫）
❷ 粉歪鳃金龟（危害状）

铜绿丽金龟 *Anomala corpulenta*

别名 铜绿金龟子、青金龟子、淡绿金龟子

分类地位 鞘翅目金龟子科

寄主植物 油茶、茶、苹果、山楂、海棠、梨、杏、桃、李、梅、柿、核桃等。

危害特点 成虫取食叶片，常造成大片幼龄果树叶片残缺不全，甚至全树叶片被吃光。

形态特征 成虫体长19.0～21.0mm，触角黄褐色，鳃叶状。前胸背板及鞘翅铜绿色具闪光，上面有细密刻点。鞘翅每侧具4条纵脉，肩部具疣突。前足胫节具2外齿，前、中足大爪分叉。卵初产椭圆形，长18.2cm，卵壳光滑，乳白色。孵化前呈圆形。3龄幼虫体长30.0～33.0mm，头部黄褐色，前顶刚毛每侧6～8根，排一纵列。腹片后部腹毛区正中有2列黄褐色长的刺毛，每列15～18根，2列刺毛尖端大部分相遇和交叉。在刺毛列外边有深黄色钩状刚毛。蛹长椭圆形，土黄色，体长22.0～25.0mm。体稍弯曲，雄蛹臀节腹面有4裂的筒状突起。

生物学特性 在湖南每年发生1代，以老熟幼虫越冬。翌年春季越冬幼虫上升活动，5月下旬至6月中下旬为化蛹期，7月上中旬至8月是成虫发育期，7月上中旬是产卵期，7月中旬至9月是幼虫危害期，10月中旬后陆续进入越冬。少数以2龄幼虫、多数以3龄幼虫越冬。幼虫在春、秋两季危害最烈。成虫夜间活动，趋光性强。

防治方法

营林措施　结合冬、春季深耕翻土，捕杀幼虫、蛹和成虫。在油茶林四周种植蓖麻，让其食叶中毒死亡。

生物防治　利用100亿/g孢子含量乳状芽孢杆菌，每667m^{2}用菌粉150g均匀撒入土中。

物理防治　于夜间悬挂频振式杀虫灯等诱杀成虫，集中处理；或每隔50m悬挂糖醋酒液罐诱杀。

化学防治　利用40%辛硫磷乳油1000~2000倍液或300g/L氯虫·噻虫嗪悬浮剂1500~3000倍液进行灌根处理；在铜绿丽金龟成虫发生期，采用35%氯虫苯甲酰胺水分散粒剂1000~2000倍液喷杀。

$$
\begin{array}{c|c}
1 & \begin{array}{c} 2 \\ \hline 3 \end{array} \\ \hline
4 & 5
\end{array}
$$

1 铜绿丽金龟（成虫）
2 铜绿丽金龟（危害）
3 铜绿丽金龟（危害状）
4 铜绿丽金龟（幼虫）
5 铜绿丽金龟（交配）

中华弧丽金龟 *Popillia quadriuttata*

分类地位 鞘翅目丽金龟科

分布 黑龙江、吉林、辽宁、内蒙古、甘肃、陕西、河北、山西、山东、河南等省份；朝鲜和越南北部也有分布。

寄主植物 花生、大豆、玉米、高粱。

危害特点 以成虫取食叶片至缺刻状。

形态特征 成虫体长7.5～12.0mm，宽4.5～6.5mm，椭圆形，翅基宽，前后收狭，体色多为深铜绿色；鞘翅浅褐至草黄色，四周深褐至墨绿色，足黑褐色；臀板基部具白色毛斑2个，腹部1～5节腹板两侧各具白色毛斑1个，由密细毛组成。头小点刻密布其上，触角9节鳃叶状，棒状部由3节构成。雄虫大于雌虫。前胸背板具强闪光且明显隆凸，中间有光滑的窄纵凹线；小盾片三角形，前方呈弧状凹陷。鞘翅宽短略扁平，后方窄缩，肩凸发达，背面具近平行的刻点纵沟6条，沟间有5条纵肋。卵椭圆形至球形，长径1.5mm，短径1.0mm，初产乳白色。幼虫体长15.0mm，头宽约3.0mm，头赤褐色，体乳白色。蛹长9.0～13.0mm，宽5.0～6.0mm，唇基长方形，雌雄触角靴状。

生物学特性 在湖南每年发生1代，以3龄以上幼虫在较深的土层中越冬。成虫白天活动危害油茶叶片，夜间入土潜伏；幼虫在地下危害油茶根部和地下茎。

防治方法

营林措施 结合秋冬季抚育及施肥，深翻土地，杀死蛴螬（金龟子的幼虫）被天敌啄食。

物理防治 于夜间悬挂频振式杀虫灯等诱杀成虫，集中处理；或每隔50m悬挂糖醋酒液罐诱杀。

化学防治 成虫数量较多时，可以喷施50%辛硫磷乳油1500倍液、10%吡虫淋可湿性粉剂1500倍液进行防治。幼虫密度较大时，用50%辛硫磷乳油200～250g每

667m²，加水10倍喷于25～30kg细土上拌匀制成毒土，在耕翻时或混入厩肥中施用（吴瑾等，2020）。

1 ｜ 2
———
3

1 中华弧丽金龟（成虫）
2 中华弧丽金龟（栖息状）
3 中华弧丽金龟（取食裂开果实）

茶银尺蠖 *Scopula subpunctaria*

别名 青尺蠖、小白足蠖

分类地位 鳞翅目尺蛾科

寄主植物 油茶、茶等。

危害特点 以幼虫咬食叶片进行危害。成虫将卵散产于新梢叶腋处，幼虫咬食叶片成"C"形缺口，严重时将叶片吃光，仅留主脉。老熟时吐丝将枝叶稍叠结，后倒挂化蛹于其中。

形态特征 成虫体长12.0～13.0mm，翅展31.0～36.0mm。白色，前翅有4条淡棕色波状横纹，近翅中央有一棕褐色点，翅尖有2个小黑点；后翅有3条波状横纹，翅中央也有一棕褐色点。雌虫触角丝状，雄虫双栉齿状。初孵幼虫淡黄绿色，体长约2.0mm；老熟幼虫青色，气门线银白色，体背有黄绿色和深绿色纵向条纹各10条，腹足和尾足淡紫色，体长22.0～27.0mm。蛹长椭圆形，绿色，尾端有4根钩刺，中间2根较长。卵椭圆形，黄绿色（郭华伟等，2019）。

生物学特性 在湖南每年发生5～6代，以幼虫在油茶树中、下部叶片上越冬，翌年3月中旬化蛹，4月中旬成虫羽化。第1代幼虫在5月上旬至6月上旬发生，以后约每隔1月发生1代。2～6代幼虫发生期分别为6月中旬至7月上旬、7月中旬至8月上旬、8月中旬至9月上旬、9月下旬至11月上旬、12月上旬至翌年4月上旬。成虫趋光性强，卵散产，多产于油茶枝梢叶腋和腋芽处。

防治方法

物理防治　灯光诱杀或性信息素诱杀。在成虫期可安装杀虫灯或性信息素诱杀成虫，以减少下一代幼虫发生量（郭华伟等，2019）。

人工防治　在幼虫虫量少时，结合农事活动人工摘除灭杀幼虫或蛹（郭华伟等，2019）。

化学防治　低龄幼虫期喷药防治，药剂可选用2.5%鱼藤酮300～500倍液、

0.36%苦参碱1000～1500倍液、苏云金杆菌（Bt）制剂300～500倍液、10%联苯菊酯乳油3000～6000倍液、15%茚虫威乳油2500～3500倍液、24%溴虫腈悬浮剂1500～1800倍液、10%氯氰菊酯乳油6000倍液或20%除虫脲可湿性粉剂2000倍液。

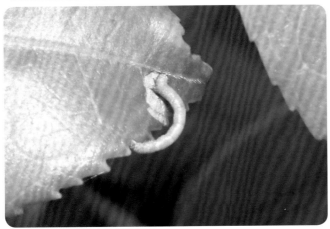

$$\frac{1}{\frac{2}{3}}$$

1 茶银尺蠖（成虫）

2 茶银尺蠖（幼虫）

3 茶银尺蠖（幼虫取食状）

大造桥虫 *Ascotis selenaria*

别名 尺蠖、步曲

分类地位 鳞翅目尺蛾科

寄主植物 槐树、龙爪槐、油茶。

危害特点 尺蠖主要危害槐树、龙爪槐，食料不足时也取食油茶，以幼虫取食叶片。食量大、暴发性强。如不仔细观察或防治不及时，会在1～2天内将整株树的叶片吃光。然后抽丝下垂借风力转到其他树上危害，对油茶生长造成严重影响。

形态特征 成虫体长12.8～15.0mm，翅展31.0～33.0mm，体背面青绿色，腹面银白色。头部触角棕红色。雌触角丝状，雄触角基部2/3为羽毛状，余为丝状，复眼长卵圆形，赤褐色，额区至头顶的鳞毛翠绿色。卵，圆鼓形，初产时白玉色，后变黄白至紫红色。幼虫，末龄幼虫体长35.0～36.0mm。体色有变异，但一般为黄绿至青绿色，体背散布不规则的褐棕色小点。前胸背面中央有一倒置的紫红褐色的锐角三角斑。第2～6腹节背面后缘中央各有一边缘紫红中间灰白的"凸"字形斑块，第8、9两节的斑块则连在一起。蛹，头端较大，尾端尖削，黄褐色，腹端具两条臀刺。

生物学特性 在湖南每年发生3～4代，以蛹在土中或树皮缝隙间越冬。4月中旬成虫开始出现并产卵。第1代在4月下旬至5月上中旬，第2代在5月下旬至6月上中旬，第3代在6月下旬至7月上中旬，第4代在7月下旬至8月上中旬。成虫多于傍晚羽化，羽后当天即可交尾，夜间产卵，卵产于油茶树的嫩梢或叶片、叶柄和小枝等处，以树冠南面较多，每处1～2粒，少数也可多达成百上千粒。成虫趋光性弱，白天隐伏于树丛中，受惊时作短距离飞行。

防治方法

营林措施　可通过轻修剪和边缘修剪等不同修剪方式降低虫口数量，并将剪下来的枝叶移出，集中处理。另外，可结合翻耕土壤降低蛹羽化率从而降低种群数量。

物理防治　利用成虫具有趋光性，可在成虫羽化期安装诱虫灯进行诱杀，该虫对黑光灯敏感。

化学防治　可在幼虫2～3龄阶段，使用溴氰菊酯、苦参碱等药剂，防治效果均可达到90%以上。

	1	2
	3	4
	5	

① 大造桥虫（成虫）
② 大造桥虫（危害状）
③ 大造桥虫（初孵幼虫）
④ 大造桥虫（3龄幼虫）
⑤ 大造桥虫（5龄幼虫）

钩翅尺蠖 *Hyposidra aquilaria*

别名 青尺蠖

危害特点 以幼虫咬食叶片危害油茶。

形态特征 雌蛾体长16.6～20.0mm，雄蛾体长14.1～16.2mm，翅展47.3～57.1mm；体褐色，触角灰褐色，丝状翅灰褐色，前翅顶角突出成钩状，M1～3处凹陷，后翅M3处突出；前后翅外线、中线明显，深褐色，前后翅相连接。前足胫节无距，中、后足各有端距两枚。卵椭圆形，直径0.3～0.7mm，外表光滑，初产时绿色，后渐变黑色，具白斑点。老熟幼虫体长36.2～47.5mm，体棕绿色，体表有许多波状黑色间断纵纹。头黄绿色或棕绿色，散布许多褐色小斑，上唇角形缺刻。前胸前缘有8个白色小点，中胸亚背线上有一黄色斑，气门灰白色，足黄棕色。蛹长15.1～25.6mm，棕褐色，头顶中央圆滑，复眼黑褐色，臀棘3枚，中间一枚较大刺状（陈顺立等，1994）。

生物学特性 钩翅尺蛾在湖南油茶林属偶发害虫，生物学特性不明。有文献记载（陈顺立等，1994），该虫在福建南平、尤溪危害黑荆树，一年发生5代，以蛹在松土3～8cm深处越冬。翌年3月中下旬羽化。林间世代重叠，各代幼虫的危害盛期分别是：第1代4月中下旬，第2代6月上中旬，第3代7月中下旬，第4代9月上中旬，第5代10月上中旬。10月下旬老熟幼虫开始陆续化蛹越冬。成虫有趋光性。

防治方法

营林措施 在越冬期间，结合秋冬季深耕施基肥，清除树冠下表土中的虫蛹。

物理防治 利用成虫趋光性，用频振式杀虫灯在发蛾期诱杀成虫。

生物防治 保护天敌，害虫常发区可采用白僵菌粉孢(120亿/g)进行预防（陈顺立等，1994）。

化学防治 幼虫大发生时，可用2.5%溴氰菊酯500～1000倍稀释液、80%辛硫磷2000～4000倍稀释液、90%敌百虫1000～2000倍稀释液进行防治（陈顺立等，1994）。

1　钩翅尺蠖（成虫）
2　钩翅尺蠖（幼虫）
3　钩翅尺蠖（幼虫初龄）
4　钩翅尺蠖（蛹）
5　钩翅尺蠖（成虫）

1	2
3	5
4	

小埃尺蠖 *Ectropis obliqua*

分类地位 鳞翅目尺蛾科

寄主植物 油茶、茶、落叶松、杨、柳、赤杨、栎等多种树木，以及大豆等农作物。

危害特点 幼虫取食寄主植物叶片。

形态特征 成虫体长14.0～17.0mm。翅展23.0～27.0mm。雄蛾触角锯齿形具纤毛簇，雌蛾触角线形。下唇须尖端伸达额外，深灰褐色。额下半部灰黄色，上半部黑褐色。头顶、体背和翅灰黄色，散布褐色鳞。翅面斑纹细弱，灰黄褐色；外线清晰，细锯齿状。雄蛾后足胫节具毛束。卵，椭圆，深绿色转灰褐色。幼虫，老熟幼虫体长28.0～34.0mm。体棕黑色具黄白色条纹，头部色略浅，前胸和中胸背面具1心形黑褐色斑。气门红棕色，第3～4腹节气门上方有较为明显的长条形黄白色斑，其上为2条黑色带纹，第6腹节有1大形的棕黄色斑围绕气门，第8腹节背面有1对黑色斑纹。蛹锥形，棕色。

生物学特性 在湖南每年发生5～6代，以蛹在根际土表内越冬，翌年3月上中旬成虫羽化产卵。2012年6月23日在耒阳油茶林采集的幼虫，7月3～6日入土做蛹室化蛹，预蛹期1～2天，蛹期10～15天。老熟幼虫每天可取食1～3片油茶叶。

防治方法

物理防治 在越冬期间，结合秋冬季深耕施基肥，清除根际表土中的虫蛹；利用成虫趋光性，用频振式杀虫灯在发蛾期诱杀成虫。

化学防治 在幼虫3龄前施用2.5%鱼藤酮300～500倍液、0.36%苦参碱1000～1500倍液、苏云金杆菌（Bt）制剂300～500倍液、10%联苯菊酯乳油3000～6000倍液、15%茚虫威乳油2500～3500倍液、24%溴虫腈悬浮剂1500～1800倍液、10%氯氰菊酯乳油6000倍液或20%除虫脲可湿性粉剂2000倍液。

1 | 2
3 | 4

1 小埃尺蠖（成虫）

2 小埃尺蠖（幼虫）

3 小埃尺蠖（拟态）

4 小埃尺蠖（拟态）

星缘锈腰尺蛾 *Hemithea tritonaria*

分类地位 鳞翅目尺蛾科

寄主植物 油茶（新记录）。

危害特点 幼虫取食寄主植物叶片。

形态特征 前翅长10.0～11.0mm。触角线形，雄触角具短纤毛。额和下唇须深褐色，下唇须中等长。雄后足胫节长，仅1对端距，具毛束；跗节缩短。雌后足正常。腹部背面黄褐色，第3～5节背面有红褐色鳞和立毛簇。胸部背面和翅暗绿色；前翅内线和前后翅外线白色细弱，波状；缘线黑褐色，在翅脉端有黄白色小点，缘毛灰褐色。后翅外缘中部外凸成尖角。翅反面淡黄绿色，内外线消失，缘线同正面。

生物学特性 在湖南每年发生6代，以幼虫在油茶树中、下部叶片上越冬，翌年3月中旬化蛹，4月中旬成虫大量羽化。第1代幼虫在5月上旬至6月上旬发生，以后约每隔1月发生1代。2～6代幼虫发生期分别为6月中旬至7月上旬、7月中旬至8月上旬、8月中旬至9月上旬、9月下旬至11月上旬、12月上旬至翌年4月上旬。成虫趋光性强，卵散产，多产于油茶树枝梢叶腋和腋芽处。

防治方法

物理防治　利用成虫趋光性，用频振式杀虫灯在发蛾期诱杀成虫。

化学防治　参照茶银尺蛾化学防治方法。

1	2
3	
4	

① 星缘锈腰尺蛾（成虫）　③ 星缘锈腰尺蛾（蛹正面）

② 星缘锈腰尺蛾（幼虫）　④ 星缘锈腰尺蛾（蛹侧面）

亚樟翠尺蛾 *Thalassodes subquadraria*

分类地位 鳞翅目尺蛾科

寄主植物 油茶新记录害虫，主要危害樟树。

危害特点 幼虫取食寄主植物叶片，尤以取食油茶嫩叶较为常见。

形态特征 前翅长雄16.0mm，雌18.0mm。雄触角双栉形，末端约1/4无栉齿；雌触角线形。额和下唇须灰黄褐色，下唇须尖端伸达额外，第3节细长指状。头顶前半白色，后半及体背蓝绿色。前翅宽大，顶角尖，外缘浅弧形；后翅外缘中部略凸，后缘延长。翅面蓝绿色，散布白色碎纹，线纹纤细。前翅前缘黄色，内线倾斜，近于消失；外线直，与后缘垂直，位于翅中部；后翅外线上半段直，在Cu1处内折；有后翅缘毛黄色。翅反面色较浅，淡蓝绿或月白色，隐见外线。

生物学特性 在湖南每年发生4代。以老熟幼虫在油茶枝叶上越冬。初孵幼虫在油茶嫩芽处栖息，取食量很小，2龄后在嫩枝危害，一般幼虫很难发现。以4月底至5月初在油茶林较为常见，春梢和夏梢萌发取食危害。成虫有趋光性。

防治方法

物理防治　利用成虫趋光性，用频振式杀虫灯在发蛾期诱杀成虫。

生物防治　人工喷施苏云金杆菌（Bt）制剂300~500倍液、白僵菌可有效减少该虫幼虫虫口基数。

化学防治　参照茶银尺蛾化学防治方法。

1 亚樟翠尺蛾（成虫）

2 亚樟翠尺蛾（幼虫）

3 亚樟翠尺蛾（幼虫拟态）

4 亚樟翠尺蛾（幼虫）

5 亚樟翠尺蛾（危害状）

6 亚樟翠尺蛾（蛹）

1	2
3	4
5	6

油茶尺蛾 *Biston marginata*

别名 油茶尺蠖、量步虫

分类地位 鳞翅目尺蛾科

寄主植物 油茶为主，食料不足时可危害油桐、乌桕、板栗、檫、松、杉等。

危害特点 幼虫取食油茶树叶，数量少时叶片一般被取食成"C"状，灾害性发生时，油茶叶片常被取食殆尽，使油茶树早期落果。

形态特征 前翅长27.0mm，体灰褐色，杂生黑、白及灰黄色鳞片：一般雄蛾体色浅，雌蛾体色深。雌蛾触角丝状，腹部膨大，末端丛生黑褐色毛；雄蛾触角双栉形，腹部末端较尖细，前翅狭长，内、外线清楚，中线、亚缘线隐约可见，此4线黑褐色，外缘有6～7个斑点；后翅短小，外线黑褐色，隐约可见。前、后翅外线外侧附近到翅基有一层粉白散敷在枯灰上面。

生物学特性 在湖南每年发生1代，以蛹在树蔸周围松土内越冬。翌年2月中下旬开始羽化，成虫耐寒力强，飞翔力弱，无趋光性，卵产于树干阴凹面分叉处。3月下旬至4月上旬孵出幼虫，初孵幼虫群集取食，能吐丝下垂，随风扩散。初孵幼虫有群栖性，嚼食嫩叶的表皮和叶肉，2龄后开始分散取食，食叶成缺刻，3龄前食量较小，4龄后食量逐渐增大，6龄幼虫食叶量最大。老熟幼虫6月上中旬下树，在15cm深土中化蛹，过夏、越冬。幼虫爬行时虫体一伸一缩，农民称其为"量步虫"；静止时，后足紧抓树枝，口吐细丝，使身体斜竖，形如枯枝。4龄前幼虫受惊时常下垂脱逃。

防治方法

生物防治 利用尺蠖的天敌寄生蜂、寄生蝇、鸟类、菌类等来防治。用每毫升含1亿～2亿孢子的白僵菌、苏云金杆菌菌液来喷杀2～3龄幼虫（吴涛，2008）。

化学防治 在每年4月左右，即幼虫4龄以前用药。在风不大的晴天或有露水的早晨进行喷药，效果最佳。虫口密度较大时，可施用10%联苯菊酯乳油或10%吡虫啉可湿性粉剂，也可利用0.2%阿维菌素、青虫菌、杀螟杆菌、苏云金杆菌液和10%联苯菊酯乳油混合等进行防治。

1 | 2
3 | 4

1　油茶尺蛾（成虫）
2　油茶尺蛾（幼虫）
3　油茶尺蛾（蛹）
4　油茶尺蛾（拟态）

茶叶斑蛾 *Eterusia aedea*

别名 茶树茶斑蛾

分类地位 鳞翅目斑蛾科

寄主植物 茶、油茶、榆等。

危害特点 幼虫咬食叶片，幼龄幼虫仅食取下表皮和叶肉，残留上表皮，形成半透明状枯黄薄膜。成长幼虫把叶片食成缺刻，严重时全叶食尽，仅留主脉和叶柄。

形态特征 成虫体长17.0～20.0mm，翅展56.0～66.0mm。雄蛾触角双栉齿状；雌蛾触角基部丝状，上部栉齿状，端部膨大，粗似棒状。头、胸、腹基部和翅均黑色，略带蓝色，具缎样光泽。头至第2腹节青黑色有光泽。前翅基部有数枚黄白色斑块，中部内侧黄白色斑块连成一横带，中部外侧散生11个斑块；后翅中部黄白色横带甚宽，近外缘处亦散生若干黄白色斑块。卵椭圆形，鲜黄色，近孵化时转灰褐色。成长幼虫体长20.0～30.0mm，圆形似菠萝状。体黄褐色，肥厚，多瘤状突起，中、后胸背面各具瘤突5对，腹部1～8节各有瘤突3对，第9节生瘤突2对，瘤突上均簇生短毛。蛹长20mm左右，黄褐色。茧褐色，长椭圆形。

生物学特性 在湖南每年发生2代，以老熟幼虫或蛹于11月后在油茶基部分叉处或枯叶下、土隙内越冬。翌年3月中下旬气温上升后上树取食。4月中下旬开始结茧化蛹，5月中旬成虫羽化产卵。第1代幼虫发生期在6月上旬至8月上旬，9月中下旬第1代幼虫羽化产卵，10月上旬第2代幼虫开始发生。成虫活泼，善飞翔，有趋光性。成虫具异臭味，受惊后，触角摆动，口吐泡沫。昼夜均活动，多在傍晚于油茶林周围行道树上交尾。初孵幼虫多群集于油茶树中下部或叶背面取食，2龄后逐渐分散，在油茶中下部取食叶片，沿叶缘咬食致叶片成缺刻。幼虫行动迟缓，受惊后体背瘤状突起处能分泌出透明黏液，但无毒。老熟后在老叶正面吐丝，结茧化蛹。

防治方法

营林措施 秋冬季结合修剪，摘除蛹茧，清除油茶林根际落叶，深埋入土。可根际培土，扪杀越冬幼虫，或利用幼虫受惊后吐丝落地的习性，及时人工振落捕杀，或结合中耕除草振落，随即中耕埋杀、机械杀伤或踩死。

物理防治　在成虫羽化期，安装杀虫灯诱杀，可减少下一代虫口发生量。

生物防治　保护和利用天敌。

化学防治　在低龄幼虫期可选用0.6%苦参碱乳油50～70ml稀释成1000～1500倍液、苏云金杆菌（Bt）制剂150～250g稀释成300～500倍液或2.5%联苯菊酯乳油12.5～25.0ml稀释成3000～6000倍液进行喷雾。

1	2
3	4
5	6

① 茶叶斑蛾（成虫）
② 茶叶斑蛾（幼虫）
③ 茶叶斑蛾（蛹）
④ 茶叶斑蛾（危害状）
⑤ 茶叶斑蛾（幼虫受惊后分泌出透明黏液）
⑥ 茶叶斑蛾（茧蜂寄生）

扁刺蛾 *Thosea sinensis*

别名 洋黑点刺蛾、辣子

分类地位 鳞翅目刺蛾科

寄主植物 枣、苹果、梨、桃、梧桐、枫杨、白杨、泡桐、柿子等多种果树和林木。

危害特点 以幼虫蚕食植株叶片，低龄啃食叶肉，稍大龄取食叶片至缺刻和孔洞，严重时食成光杆，致树势衰弱。

形态特征 成虫，雌蛾体长13.0～18.0mm，翅展28.0～35.0mm。体暗灰褐色，腹面及足的颜色更深。前翅灰褐色、稍带紫色，中室的前方有一明显的暗褐色斜纹，自前缘近顶角处向后缘斜伸。雄蛾中室上角有一黑点（雌蛾不明显）。后翅暗灰褐色。卵，扁平光滑，椭圆形，长1.1mm，初为淡黄绿色，孵化前呈灰褐色。幼虫，老熟幼虫体长21.0～26.0mm，宽16.0mm，体扁、椭圆形，背部稍隆起，形似龟背。全体绿色或黄绿色，背线白色。体两侧各有10个瘤状突起，其上生有刺毛，每一体节的背面有2小丛刺毛，第4节背面两侧各有一红点。蛹长10.0～15.0mm，前端肥钝，后端略尖削，近似椭圆形。初为乳白色，近羽化时变为黄褐色。茧长12.0～16.0mm，椭圆形，暗褐色，形似鸟蛋。

生物学特性 在湖南每年发生2～3代，以老熟幼虫在树下3～6cm土层内结茧以蛹越冬。4月中旬开始化蛹，5月中旬至6月上旬羽化；第1代幼虫发生期为5月下旬至7月中旬，第2代幼虫发生期为7月下旬至9月中旬，第3代幼虫发生期为9月上旬至10月，以末代老熟幼虫入土结茧越冬。成虫多在黄昏羽化出土，昼伏夜出，羽化后即可交配，2天后产卵，多散产于叶面上，卵期7天左右。幼虫共8龄，6龄起可食全叶，老熟多夜间下树入土结茧。

防治方法

营林措施　结合冬耕施肥，将根际落叶及表土埋入施肥沟底，或结合培土防冻，在根际30cm内培土6.0～9.0cm，并稍予压实，以扼杀越冬虫茧。

　　物理防治　可在成虫羽化期于19:00～21:00用灯光诱杀（孙浩等，2015）。

　　化学防治　喷洒50%杀螟松乳油、50%辛硫磷乳油、25%亚胺硫磷乳油1500～2000倍液、2.5%敌百虫粉剂及3%西维因粉剂进行防治。

$$1 \quad \frac{2}{3}$$

1　扁刺蛾（幼虫）
2　扁刺蛾（幼虫）
3　扁刺蛾（危害状）

茶刺蛾 *Iragoides fasciata*

别名 火辣子、痒辣子、洋辣子、杨辣子、毛辣子

分类地位 鳞翅目刺蛾科

寄主植物 油茶、茶、山茶等。

危害特点 幼虫危害叶片，从近叶尖处开始，渐及基部，被害叶呈截断状。

形态特征 成虫，体长12.0～16.0mm，翅展24.0～30.0mm。体和前翅浅灰红褐色，翅面具雾状黑点，有3条暗褐色斜线；后翅灰褐色，近三角形，缘毛较长。前翅从前缘至后缘有3条不明显的暗褐色波状斜纹。卵，椭圆形，扁平，淡黄白色，单产，半透明。幼虫，幼虫共6龄，体长30.0～35.0mm，长椭圆形，前端略大，背面稍隆起，黄绿至灰绿色。体前端背中有一个紫红色向前斜伸的角状突起，体背中部和后部还各有一个紫红色斑纹。体侧沿气门线有一列红点。低龄幼虫无角状突起和红斑，体背前部3对刺、中部1对刺、后部2对刺较长。茧，卵圆形，暗褐色，结茧在土下。

生物学特性 在湖南每年发生3代，以老熟幼虫在油茶根际落叶和表土中结茧越冬。3代幼虫分别在5月下旬至6月上旬、7月中下旬和9月中下旬盛发。且常以第2代发生最多，危害较大。成虫日间栖于油茶内叶背，夜晚活动，有趋光性。卵单产，产于油茶下部叶背。幼虫孵化后取食叶片背面成半透膜枯斑，以后向上取食叶片成缺刻。幼虫期一般长达22～26天。

防治方法

营林措施　结合冬耕施肥，将根际落叶及表土埋入施肥沟底，或结合培土防冻，在根际30cm内培土6～9cm，并稍予压实，以扼杀越冬虫茧。

生物防治　在2～3龄幼虫盛发期，采用低容量侧位喷雾方法，将药物喷在油茶中下部叶背。可选用1600IU/mg苏云金杆菌可湿性粉剂800倍液、0.5亿孢子/ml青虫菌粉剂喷杀或与白僵菌粉剂混用，也可用茶刺蛾核型多角体病毒制剂1000倍液、2.5%溴氰菊酯乳油2000倍液喷雾（丁坤明等，2016）。

1	2
3	4
5	6
7	8

1 茶刺蛾（幼虫） 5 茶刺蛾（角状特写）

2 茶刺蛾（成虫） 6 茶刺蛾（危害状）

3 茶刺蛾（2龄幼虫） 7 茶刺蛾（预蛹）

4 茶刺蛾（危害状） 8 茶刺蛾（蛹）

丽绿刺蛾 *Parasa lepida*

别名 青刺蛾、绿刺蛾

分类地位 鳞翅目刺蛾科

寄主植物 茶、梨、柿、枣、桑、油茶、油桐、苹果、杧果、核桃、咖啡等。

危害特点 幼虫取食危害叶片，低龄幼虫取食表皮或叶肉，致叶片呈半透明枯黄色斑块。大龄幼虫食叶呈较平直缺刻，严重的把叶片吃至只剩叶脉，甚至叶脉全无。

形态特征 成虫，体长16.5～18.0mm，雄成虫体长14.0～16.0mm。胸背毛绿色。前翅绿色，前缘基部有一深褐色尖刀形斑纹，外缘为浅棕色宽带；后翅浅褐色，外缘色深。卵，扁椭圆形或纺锤形，长1.4～1.5mm，黄绿色。老熟幼虫体长24.0～25.5mm，体翠绿色，头红褐色，前胸背板黑色，背线黄绿色。老熟时有一不连续的蓝色背中线和几条亚背线，各体节均有枝刺，上生有刺毛。腹部末端有4丛褐色绒球状刺毛。蛹，卵圆形，长14.0～16.5mm，黄褐色。茧，扁椭圆形，长14.5～18.0mm，黑褐色，上附黑色毒毛。

生物学特性 在湖南每年发生2代，以老熟幼虫在树干上结茧越冬。翌年4月下旬化蛹，5～6月成虫羽化，交尾后产卵于叶背，卵数粒至百余粒，呈鱼鳞状排列，卵期4～7天。初孵幼虫啮噬叶肉，幼虫期约为1个月。老熟幼虫在树干上结茧化蛹，其幼虫及茧上附有毒毛，会刺激皮肤，有碍健康。

防治方法

物理防治　林间挂置黑光灯诱杀成虫（陈亮等，2020）。

生物防治　保护和引放寄生蜂；用每克含孢子100亿的白僵菌粉0.5～1.0kg，在雨湿条件下防治1～2龄幼虫。

化学防治　幼虫发生期及时喷洒50%辛硫磷乳油1400倍液或10%天王星乳油5000倍液、2.5%鱼藤酮300～400倍液、52.25%农地乐乳油1500～2000倍液。

1 丽绿刺蛾（成虫）

2 丽绿刺蛾（幼虫）

3 丽绿刺蛾（成虫）

4 丽绿刺蛾（成虫栖息状）

茶白毒蛾 *Arctornis alba*

别名 白毒蛾、花毛虫、毒毛虫

分类地位 鳞翅目毒蛾科

寄主植物 油茶、茶、柞树、榛子等作物。

危害特点 初孵幼虫取食油茶叶片叶背，取食下表皮和叶肉，留上表皮，呈枯黄色半透明不规则的斑块，少数在叶面取食上表皮和叶肉。幼虫稍成长即分散危害，在叶正面取食皮层和主脉。中龄后咬食叶片成缺口。

形态特征 成虫体长12.0～15.0mm，翅展34.0～44.0mm。体、翅均白色，前翅稍带绿色，具丝缎样光泽，翅中央有一小黑点。触角羽毛状。腹部末端有白色毛丛。卵扁鼓形，淡绿色，直径1.0mm左右，高0.5mm左右。幼虫，头红褐色，体黄褐色，每节有8个瘤状突起，上生黑褐色长毛及黑色和白色短毛。虫体腹面紫色或紫褐色。蛹长12.0～15.0mm，浅鲜绿色，圆锥形，较粗短，背中部微隆起，体背有2条白色纵线。尾端有1对黑色钩刺（赵莹婕，2020）。

生物学特性 在湖南每年发生5～6代。以幼虫在油茶下部向阳避风的叶片上越冬。第2年3月上旬开始活动危害，3月下旬开始化蛹，4月中旬成虫羽化产卵。全年以5～6月危害较重。成虫停息时翅平展叶面，受惊后即飞翔。雌蛾多在叶片正面产卵，一般5～15粒产在一起，少数散产。幼虫行动迟缓，受惊后即迅速弹跳逃避。幼虫老熟时，吐少量丝，缀结2～3叶，以腹末钩刺倒挂化蛹于其中。

防治方法

营林措施　在11月至翌年3月人工摘除越冬卵块，在盛蛹期进行中耕培土，在根际培土6.0～7.0cm，以阻止成虫羽化出土。

物理防治　在成虫羽化期，进行灯光诱杀和性信息素诱杀。

生物防治　防治适期掌握在幼虫3龄前，建议用每克含100亿活孢子的杀螟杆菌或青虫菌喷雾，选择无风的阴天或雨后初晴时进行喷雾防治。

化学防治　虫口基数较大时，选用24%溴虫腈悬浮剂1500倍液、10%氯氰菊酯乳油、2.5%氯氟氰菊酯乳油或10%联苯菊酯乳油2000～3000倍液喷雾防治。

$$
\begin{array}{c|c}
1 & 2 \\ \hline
3 & 4 \\ \hline
\multicolumn{2}{c}{5 \mid 6 \mid 7}
\end{array}
$$

1 茶白毒蛾（成虫）
2 茶白毒蛾（幼虫）
3 茶白毒蛾（幼虫形态1）
4 茶白毒蛾（幼虫形态2）
5 茶白毒蛾（蛹）
6 茶白毒蛾（成虫，趋光）
7 茶白毒蛾（卵）

茶黄毒蛾 *Euproctis pseudoconspersa*

别名 油茶毒蛾、茶毒蛾、茶毛虫、摆头虫

分类地位 鳞翅目毒蛾科

寄主植物 油茶、茶树、柿、梨、乌桕、玉米等。

危害特点 幼龄幼虫咬食油茶树老叶成半透膜，以后咬食嫩梢成叶片缺刻。幼虫群集危害，常数十至数百头聚集在叶背取食。发生严重时油茶树叶片取食殆尽。

形态特征 成虫，雌蛾体长10.0～12.0mm，翅展30.0～35.0mm。体黄褐色。前翅橙黄色或黄褐色，中部有2条黄白色横带，除前缘、顶角和臀角外，翅面满布黑褐色鳞片，顶角有2个黑斑点。后翅橙黄或淡黄褐色，外缘和缘毛黄色。卵扁圆形，浅黄色。卵块椭圆形，中央为2～3层重叠排列，边缘为单层排列，表面覆盖黄色绒毛，每一卵块有卵百余粒。老熟幼虫体长约20.0mm，圆筒形。头红褐色，胸腹部浅黄色，气门上线褐色，上有白线1条，伸达第8腹节。自前胸至第9腹节，每节具毛瘤8个，以腹部第1、2、8节亚背线上的毛瘤最大。蛹长8.0～12.0mm，圆锥形，黄褐色，密生黄色短毛，末端有钩状尾刺。

生物学特性 在湖南每年发生3代，以卵块在老叶背面越冬。各代幼虫危害期分别在4～5月、6～7月、8～10月。一般以春秋两季发生为重。幼虫老熟后在油茶根际落叶土表下结茧化蛹。雌蛾产卵于老叶背面。幼虫6～7龄，具群集性，3龄前群集性强，常数十头至数百头聚集在叶背取食下表皮和叶肉，留上表皮呈半透明黄绿色薄膜状。3龄后开始分群迁散危害，咬食叶片呈缺刻。幼虫老熟后爬至油茶根际枯枝落叶下或浅土中结茧化蛹。成虫有趋光性。

防治方法

营林措施 可结合秋冬及早春园林的管理措施，人工消灭产于叶背的卵块（向阳面要重点检查）（吴涛，2008）。

生物防治 保护和利用赤眼蜂、茶毛虫黑卵蜂（优势种）、茶毛虫绒茧蜂（优势种）、茶毛虫瘦姬蜂和寄蝇等，也可在其幼虫3龄前使用16000IU/mg的Bt制剂10000倍液（郑霞林等，2010）。

物理防治　利用幼虫的群集性及假死性，灭杀坠地假死幼虫；在成虫高发期，挂置黑光灯诱杀，或采用性信息素（主要成分为10,14－二甲基十五碳异丁酯）诱杀（郑霞林等，2010）。

化学防治　针对茶黄毒蛾在3龄前有聚集危害的特性，利用2.5%鱼藤酮乳油300～500倍液、0.36%苦参碱乳油1000倍液（郑霞林等，2010）、2.5%功夫菊酯3000～4000倍液喷雾防治。

1	2	3
4	5	6
7	8	

1 茶黄毒蛾（雌虫）　　　5 茶黄毒蛾（叶片聚集）

2 茶黄毒蛾（雄虫）　　　6 茶黄毒蛾（果实聚集）

3 茶黄毒蛾（幼虫）　　　7 茶黄毒蛾（卵）

4 茶黄毒蛾（低龄幼虫危害状）　8 茶黄毒蛾（危害状）

齿点足毒蛾 *Redoa dentata*

分类地位 鳞翅目毒蛾科

寄主植物 茶、油茶、柿、梨、乌桕、玉米。

危害特点 幼龄幼虫咬食油茶树老叶成半透膜，以后咬食嫩梢成叶片缺刻。幼虫群集危害，常数十至数百头聚集在叶背取食，发生严重时叶片被取食殆尽。

形态特征 成虫：26.0～33.0mm，雄蛾触角干白色，栉齿浅棕黄色；下唇须白色，外侧棕黄色，头部白色，头顶棕黄色；胸部、腹部和足白色，前足和中足腿节末端、胫节近基部、跗节基部各具一黑棕色点。前翅和后翅白色；前翅中室末端具一黑棕色点；缘毛浅棕黄色。雄性外生殖器钩形突长而宽，基部较端部窄；抱器瓣发达，顶端圆钝，抱器腹突呈弯刀形，其背缘具一列大齿。

生物学特性 在湖南每年发生3代，以卵块在老叶背面越冬。各代幼虫发生危害期分别在4～5月、6～7月、8～10月，一般以春秋两季发生重。幼虫3龄前群集性强，常数十头至数百头聚集在叶背取食下表皮和叶肉，留上表皮呈半透明黄绿色薄膜状。3龄后开始分群迁散为害，咬食叶片呈缺刻。幼虫老熟后爬至油茶根际枯枝落叶下或浅土中结茧化蛹。成虫有趋光性，雌蛾一般产卵于老叶背面。

防治方法

物理防治　于成虫羽化初期，利用杀虫灯进行诱杀。

生物防治　每667m² 用白僵菌（每毫升含0.1亿～2.0亿孢子）1kg兑水100kg，或每667m² 用Bt100亿孢子/g的菌粉50g兑水稀释2000倍喷洒。

化学防治　选用90%的敌百虫、25%的亚胺硫磷、50%的马拉硫磷、50%的杀螟松、50%的辛硫磷、2.5%的鱼藤精300倍稀释液喷雾防治。

1 齿点足毒蛾（成虫）

2 齿点足毒蛾（幼虫）

3 齿点足毒蛾（预蛹）

4 齿点足毒蛾（蛹）

5 齿点足毒蛾（瘦姬蜂寄生）

1	2
3	4
5	

黑褐盗毒蛾 *Porthesia atereta*

分类地位 鳞翅目毒蛾科

寄主植物 茶、油茶、柑橘、豆类、楸等。

危害特点 可取食叶片、花瓣成缺刻或孔洞；也可取食油茶果实表皮，致使果实干枯。

形态特征 成虫翅展26.0～37.0mm。头部和颈板橙黄色，胸部黄棕色，腹部暗褐色。触角干浅黄色，栉齿黄褐色，体下面和足黄褐色带浅黄色，胸部下面前半带橙黄色。腹部基部黄棕色。前翅棕色散布黑色鳞片，外缘有3个浅黄色斑，后翅黑褐色，外缘和缘毛浅黄色。幼虫体长20.0～22.0mm，头部棕褐色，有光泽；前胸背面具有3条浅黄色线，中部橙黄色，后胸背面中央橙红色。前胸背面两侧各有1个向前突出的红色瘤，瘤上生有黑褐色长毛和黄白色短毛；其余各节背瘤黑色，上有1至数个白色短毛。茧椭圆形，淡褐色至灰黑色，茧外附少量黑色长毛。蛹黄褐色，被毛。

生物学特性 在湖南每年发生3代，以卵越冬，4月下旬幼虫出现，5月下旬至6月中旬是第1代幼虫危害盛期，以取食油茶叶片为主，6月中下旬化蛹，蛹期15天，6月下旬羽化；第2代幼虫一般为8月上旬出现，8月中下旬为危害高峰期，此时幼虫以取食油茶果皮为主；第3代幼虫出现于11月上旬，可取食油茶花瓣。成虫具趋光性。

防治方法
　　生物防治　湿度较高油茶林可用每克含100亿活孢子的杀螟杆菌或青虫菌喷雾，防效可达80%以上。
　　化学防治　掌握在3龄前喷洒90%晶体敌百虫或25%亚胺硫磷、50%杀螟松、50%马拉硫磷、50%二溴磷1000～1500倍液。

1	2
3	4
5	6
7	8

1 黑褐盗毒蛾（成虫）

2 黑褐盗毒蛾（幼虫）

3 黑褐盗毒蛾（幼虫栖息）

4 黑褐盗毒蛾（幼虫取食叶片）

5 黑褐盗毒蛾（取食花）

6 黑褐盗毒蛾（幼虫取食果皮）

7 黑褐盗毒蛾（茧）

8 黑褐盗毒蛾（蛹）

鹅点足毒蛾 *Redoa anser*

分类地位 鳞翅目毒蛾科

寄主植物 茶、油茶，柑橘，豆类，楸等。

危害特点 以幼虫取食油茶叶片表皮至半透明状，或造成缺刻。

形态特征 成虫翅展44.0～50.0mm。触角干白色，栉齿浅褐黄色；下唇须白色，端部黑褐色；头部白色有黑褐色斑；胸部、腹部和足白色；前、中足腿节末端、胫节、跗节内侧基部和末端有黑斑。前、后翅白色；前翅横脉中央有一圆形黑褐色斑；前翅基部和前缘略微带棕黄色；缘毛白色。老熟幼虫体长21.0～23.0mm。头部黑褐色，体黑褐色，背线呈间断的橙黄色带，气门下线橙黄色，略宽。前胸背面两则各具1橙色瘤，上生向前伸的黑褐色及白色长毛束。卵扁圆柱形，黄绿色。蛹长11.0～16.0mm，宽4.0～6.0mm，锥形。

生物学特性 在湖南每年发生2～3代，以卵在枯枝落叶处越冬。翌年3月下旬孵化，幼虫4月上旬初见。成虫多在傍晚羽化，羽化后即可交配产卵。成虫具趋光性，寿命5～8天。初孵幼虫群聚取食叶肉，被害叶片只剩下透明的叶表皮和叶脉。幼虫活动敏捷，受惊后落地假死。

防治措施

营林技术　结合果实采收、秋冬季抚育摘除害虫卵块。

生物防治　湿度较高的油茶林可用每克含100亿活孢子的杀螟杆菌或青虫菌喷雾。

化学防治　可用2%阿维菌素混合2.5%高效氟氯氰菊酯2500～3000倍液喷雾。

1　鹅点足毒蛾（成虫）
2　鹅点足毒蛾（幼虫）
3　鹅点足毒蛾（幼虫危害状）
4　鹅点足毒蛾（蛹）
5　鹅点足毒蛾（危害状）

1	2
3	4
5	

幻带黄毒蛾 *Euproctis varians*

分类地位 鳞翅目毒蛾科

寄主植物 柑橘、茶、油茶。

危害特点 幼虫取食叶片成缺刻或孔洞。

形态特征 雄蛾翅展约18.0mm，雌蛾约30.0mm。体橙黄色。触角干黄白色，栉齿灰黄棕色；足浅橙黄色。前翅黄色，内横线和外横线黄白色，近平行，外弯，两线间色较浓；后翅浅黄色。幼虫头部黄棕色，有褐色点，正中央有一浅黄色纵线，体棕褐色，有浅黄色斑和线。

生物学特性 在湖南每年发生1~2代，以卵在叶片背面越冬。世代生活史不详，幼虫一般出现在4月底或5月上旬，成虫6月初可见。成虫有趋光性。

防治方法

物理防治　采用灯光诱杀成虫。

生物防治　可每667m^{2}用Bt（100亿孢子/g）的菌粉50g兑水稀释2000倍喷洒。

化学防治　害虫大发生时，喷施10%氯氰菊酯乳油混合Bt（100亿孢子/g）2000倍液防治，快速压低虫口密度。

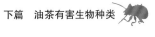

1　幻带黄毒蛾（成虫）　　4　幻带黄毒蛾（茧）

2　幻带黄毒蛾（幼虫）　　5　幻带黄毒蛾（蛹）

3　幻带黄毒蛾（幼虫栖息）

1	2
3	4
5	

折带黄毒蛾 *Euproctis flava*

别名 柿叶毒蛾、杉皮毒蛾、黄毒蛾

分类地位 鳞翅目毒蛾科

寄主植物 茶、油茶、苹果、槟沙果、海棠、梨、山楂、樱桃、桃、李、梅、柿、枇杷、石榴、栗、榛、蔷薇等林果及药用植物。

危害特点 以幼虫取食叶片成缺刻状。

形态特征 成虫，雌体长 15.0～18.0mm，翅展 35.0～42.0mm，雄略小，体黄色或浅橙黄色。触角栉齿状，雄较雌发达；复眼黑色；下唇须橙黄色。前翅黄色，中部具棕褐色宽横带 1 条，从前缘外斜至中室后缘，折角内斜止于后缘，形成折带。卵半圆形或扁圆形，直径 0.5～0.6mm，黄色，数十粒至数百粒成块，排列为 2～4 层，卵块长椭圆形，并覆有黄色绒毛。幼虫体长 30.0～40.0mm，头黑褐色，体黄色或橙黄色，胸部和第 5～10 腹节背面两侧各具黑色纵带 1 条，其胸部前宽后窄，前胸下侧与腹线相接。臀板黑色，第 8 节至腹末背面为黑色。第 1、2 腹节背面具长椭圆形黑斑，毛瘤长在黑斑上。蛹，长 12.0～18.0mm，黄褐色。

生物学特性 在湖南每年发生 3 代。以幼虫在树洞、落叶层中和粗皮缝中吐丝结薄茧越冬。翌年春季幼虫危害，白天群栖于隐蔽处，傍晚分散取食。6 月间化蛹。6 月下旬可见成虫，成虫日伏夜出，产卵多产在叶背面，卵粒排列整齐，每块卵粒不等，卵块上面有黄色绒毛，卵期约为 10 天。第 2 代幼虫孵化不久，随气温下降，于 10 月中下旬寻找越冬场所，以 3～4 龄幼虫越冬。

防治方法

营林措施 结合油茶林管理，清除并烧毁植株周边的杂草和枯枝落叶，减少越冬虫源。结合植株修剪去除卵块或剪除虫害枝条，集中烧毁处理。人工捕杀群集的初龄和越冬幼虫。

物理防治 利用成虫的强趋光性，采用黑光灯或高压汞灯诱杀成虫。

生物防治　保护小腹姬蜂、日本追寄蝇、悬茧姬蜂、螳螂、猎蝽等天敌。

化学防治　在幼虫危害期，可采用50%辛硫磷乳油1000～1200倍液或20%杀灭菊酯、5%来福灵等合成药剂2500～3000倍液喷雾防治幼虫。

1	2
3	4
5	6

1 折带黄毒蛾（成虫）

2 折带黄毒蛾（幼虫）

3 折带黄毒蛾（初龄幼虫危害状）

4 折带黄毒蛾（栖息状）

5 折带黄毒蛾（危害芽状）

6 折带黄毒蛾（末龄幼虫）

白囊蓑蛾 *Chaliaides kondonis*

分类地位 鳞翅目蓑蛾科

寄主植物 油茶、柑橘、龙眼、荔枝、枇杷、核桃、椰子、梨、梅、柿、枣等。

危害特点 低龄幼虫只食叶肉，使叶片形成半透明的枯斑。大龄幼虫将叶吃成缺刻，严重时仅留叶脉。

形态特征 成虫，雄蛾体长8.0～10.0mm，翅展18.0～24.0mm。胸、腹部褐色，头部和腹部末端黑色，体密布白色长毛。触角栉形。前、后翅均白色透明，前翅前缘及翅基淡褐色，前、后翅脉纹淡褐色，后翅基部有白毛。雌蛾体长约9.0mm，黄白色，蛆状，无翅。卵细小，椭圆形。幼虫，老熟时体长约30.0mm。头部褐色，有黑色点纹。躯体各节上均有深褐色点纹，规则排列。雌蛹蛆状。雄蛹具有翅芽，赤褐色。护囊长圆锥形，灰白色，全用虫丝缀成，不附任何枝叶及其他碎片。

生物学特性 在湖南每年发生1代，以幼虫在虫囊中越冬。越冬幼虫于翌年3月开始活动，6月中旬至7月中旬化蛹，6月底至7月底羽化，稍后产卵。幼虫于7月中下旬开始出现，8月上旬至9月下旬为幼虫主要危害期。幼虫多在清晨、傍晚或阴天取食。10月上中旬停食越冬。

防治方法

营林措施　结合田间管理，及时摘除虫囊并销毁。

生物防治　注意保护寄生蜂等天敌昆虫，提倡喷洒100亿活孢子/g杀螟杆菌或青虫菌粉剂600～800倍液进行防治。

化学防治　在低龄幼虫盛期，采用喷洒药剂的方式进行防治时，可选用25%灭幼脲Ⅲ号1500倍液，或2.5%溴氰菊酯乳油3000倍液，或80%敌敌畏乳油1200倍液，或50%杀螟松乳油1000倍液，或50%辛硫磷乳油1500倍液，或90%巴丹可湿性粉剂1200倍液，或90%晶体敌百虫800～1000倍液等进行毒杀。施药时，以傍晚最好，清晨则次之（徐志鸿，2016）。

1
2
3

1 白囊蓑蛾（幼虫）
2 白囊蓑蛾（危害状）
3 白囊蓑蛾（蜕囊羽化）

茶蓑蛾 *Clania minuscula*

别名 茶袋蛾

分类地位 鳞翅目蓑蛾科

寄主植物 油茶、茶、柑橘、松、柏、柳、重阳木、梨、桃等。

危害特点 其幼虫不仅取食叶，还啃食或折断嫩枝，严重影响油茶生长。

形态特征 成虫，雄成虫体长10.0～15.0mm，翅展23.0～26.0mm，体翅暗褐色，沿翅脉两侧色较深，脉间有2个长方形透明斑，体密被鳞毛，胸部有2条白色纵纹。雌成虫米黄色，胸部有显著的黄褐色斑，腹部肥大，第4～7节周围有蛋黄色绒毛。卵，椭圆形，米黄色或黄色。老熟幼虫体长16.0～28.0mm，头黄褐色。散布黑褐色网状纹，胸部各节有4个黑褐色长形斑，排列成纵带，腹部肉红色，各腹节有2对黑点状突起，作"八"字形排列。雌蛹纺锤形，头及腹部第3节背面后缘、第4～5节前后缘、第6～8节前缘各有小刺1列，第8节小刺较大而明显。袋囊长25.0～30mm，囊外附有较多的小枝梗，平行排列。

生物学特性 在湖南每年发生2代，以中龄幼虫在护囊内挂于树枝干上越冬，5月上旬开始化蛹，6月上旬第1代幼虫危害，9月第2代幼虫危害，护囊外小枝梗排列整齐。

防治方法

营林措施 可结合采油茶管理时，发现虫囊后及时摘除，集中烧毁。

生物防治 保护蓑蛾类害虫天敌，主要为寄蝇和寄生蜂等天敌；发生严重的局部区域可在1～2龄幼虫期喷施白僵菌、苦参碱等药剂进行集中防治（周孝贵等，2019）。

化学防治 结合其他害虫的防治进行兼治，虫口密度较大时，喷洒2.5%澳氛菊酯乳油5000～10000倍液防治，注意喷施药剂时将叶背均匀喷湿。

$\dfrac{1}{2}$

1 茶蓑蛾（蓑囊）
2 茶蓑蛾（幼虫）

大蓑蛾 *Clania variegata*

别名 大窠蓑蛾、大袋蛾、大背袋虫

分类地位 鳞翅目蓑蛾科

寄主植物 茶、油茶、柑橘、咖啡、枇杷、梨、桃、法国梧桐等。

危害特点 幼虫在护囊中咬食叶片、嫩梢或剥食枝干、果实皮层，造成局部油茶光秃。该虫喜集中危害。

形态特征 成虫，雌雄异型。雌成虫体肥大，淡黄色或乳白色，无翅，足、触角、口器、复眼均有退化，头部小，淡赤褐色，胸部背中央有一条褐色隆基，胸部和第1腹节侧面有黄色毛，第7腹节后缘有黄色短毛带，第8腹节以下急骤收缩，外生殖器发达。雄成虫为中小型蛾子，翅展35.0～44.0mm，体褐色，有淡色纵纹。前翅红褐色，有黑色和棕色斑纹；后翅黑褐色，略带红褐色；前、后翅中室内中脉叉状分支明显。卵，椭圆形，直径0.8～1.0mm，淡黄色，有光泽。幼虫雄虫体长18.0～25.0mm，黄褐色，蓑囊长50.0～60.0mm；雌虫体长28.0～38.0mm，棕褐色，蓑囊长70.0～90.0mm。头部黑褐色，各缝线白色；胸部褐色有乳白色斑；腹部淡黄褐色；胸足发达，黑褐色，腹足退化呈盘状，趾钩15～24个。蛹，雄蛹长18.0～24.0mm，黑褐色，有光泽；雌蛹长25.0～30.0mm，红褐色。

生物学特性 在湖南每年发生1～2代，个别以老熟幼虫在枝叶上的护囊内越冬。气温10℃左右，越冬幼虫开始活动和取食。

防治方法

营林措施　结合修剪，剪除虫袋，集中烧毁。

物理防治　利用成虫趋光性进行灯光诱杀。

生物防治　幼虫发生盛期，袋囊长1.0～1.5cm时，选用青虫菌液含1亿孢子/ml、苏云金杆菌液1亿～2亿孢子/ml喷雾。

化学防治　当幼虫爬出囊外2～3天，用90%敌百虫晶体1500倍液、50%三硫磷乳剂1000倍液进行树冠喷雾防治。

1　大蓑蛾（幼虫）
2　大蓑蛾（蓑囊）
3　大蓑蛾（外囊）

儿茶大蓑蛾　*Clania crameri*

别名　螺纹袋蛾、松窠袋蛾

分类地位　鳞翅目蓑蛾科

寄主植物　油茶、茶、桉树、马尾松、板栗、木麻黄。

危害特点　以幼虫取食寄主植物叶片、嫩梢，严重时可将油茶叶片吃光。

形态特征　雄蛾体长12.0～15.0mm，翅展30.0～33.0mm，体淡褐色，翅棕灰色，前翅脉间常灰白色，外缘有3个白色斑纹。老熟幼虫体长13.0～16.0mm，头黄褐色，多棕黑色斑纹，体污白色至淡棕色，胸部各节背板暗褐色，近前缘较淡。腹部各节多皱纹，背面具黑褐色点并列；腹背中线较暗，第8～9腹节黑褐色，臀板黑褐色并有3对刚毛。袋囊长22.0～25.0mm，黏贴短小枝梗4层，螺旋状整齐斜置。

生物学特性　在湖南每年发生1～2代，以非老熟幼虫封囊越冬，翌年6月中旬开始在囊中化蛹，6月下旬成虫羽化，雄成虫寿命5～8天。7月新一代幼虫开始发生。生活习性与茶袋蛾相同。

防治方法

营林措施　进行园林管理时，发现虫囊及时摘除，集中烧毁。

生物防治　注意保护寄生蜂等天敌昆虫。提倡喷洒100亿活孢子/g杀螟杆菌或青虫菌粉剂600～800倍液进行防治。

化学防治　掌握在幼虫低龄盛期喷洒90%晶体敌百虫800～1000倍液或80%敌敌畏乳油1200倍液、50%杀螟松乳油1000倍液、50%辛硫磷乳油1500倍液、90%巴丹可湿性粉剂1200倍液、2.5%溴氰菊酯乳油4000倍液。

1　儿茶大蓑蛾（囊状）

2　儿茶大蓑蛾（幼虫）

3　儿茶大蓑蛾（危害状枝梢去皮）

4　儿茶大蓑蛾（幼虫）

5　儿茶大蓑蛾（危害叶片）

1	2
3	4
5	

茶褐蓑蛾 *Mahasena colona*

别名 茶褐背袋虫、茶树茶褐蓑蛾

分类地位 鳞翅目蓑蛾科

寄主植物 主要为油茶、樟树、扁柏等。

危害特点 幼虫在护囊中咬食叶片、嫩梢或剥食枝干、果实皮层，造成局部油茶光秃。该虫喜集中危害。

形态特征 雄蛾体长15.0mm，翅展24.0mm，体褐色，腹部具金属光泽，基部密生暗色毛，翅面无斑纹。雌蛾体长15.0mm，头浅黄色，体乳黄色，无翅，足退化。卵椭圆形，乳黄色。末龄幼虫体长18.0～25.0mm。蛹长16.0～25.0mm，圆筒形至长圆筒形。成长幼虫护囊长25.0～40.0mm，粗大，枯褐色，丝质疏松，囊外缀附很多碎叶片，呈鱼鳞状。

生物学特性 在湖南每年发生1代，多以低龄幼虫越冬，翌年春暖继续危害，6月化蛹并羽化，栖息在油茶林内中下部。7月出现当年幼虫，其他习性参见茶蓑蛾。

防治方法

营林措施　进行油茶林管理时，发现虫囊及时摘除，集中烧毁。

生物防治　注意保护寄生蜂等天敌昆虫。

化学防治　结合其他害虫的防治进行兼治，发生严重的局部区域可在1～2龄幼虫期喷施白僵菌、苦参碱等药剂进行集中防治，注意喷施药剂时将叶背均匀喷湿。

1 | 2
3 | 4
5 | 6
7

1 茶褐蓑蛾（幼虫）

2 茶褐蓑蛾（囊状）

3 茶褐蓑蛾（囊状）

4 茶褐蓑蛾（幼虫）

5 茶褐蓑蛾

6 茶褐蓑蛾（囊状）

7 茶褐蓑蛾（囊状）

小螺纹袋蛾 *Cryptothelea crameri*

分类地位 ）鳞翅目蓑蛾科

寄主植物 ）油茶、茶。

危害特点 ）幼虫取食寄主植物叶片、嫩梢，严重时可将树叶吃光。

形态特征 ）雄蛾体长5.5~6.0mm，翅展11.0~12.0mm，体翅淡褐色，前翅前缘稍深，无斑纹。老熟幼虫体长6.0~7.5mm，头黄褐色，多暗褐色斑纹，体灰色，背面较灰暗。胸部各节背板暗褐色，近前缘较淡，臀板暗褐色。袋囊长9.0~13.0mm，近菱形，黏贴短小枝梗斜置并列呈螺旋状2~3圈。

生物学特性 ）以非老熟幼虫封囊越冬，翌年6月中旬开始在囊中化蛹，6月下旬成虫羽化，雄成虫寿命5~8天。7月新一代幼虫开始发生。

防治方法

营林措施　结合油茶管理，人工摘袋囊，可用袋蛾幼虫饲养家禽。

生物防治　该虫寄蝇寄生率高，要充分保护和利用。喷撒苏云金杆菌、杀螟杆菌1亿~2亿孢子/ml防治。

物理防治　利用袋蛾的趋性，用黑光灯诱杀成虫。

化学防治　可在低龄幼虫发生盛期及时进行化学防治，常用药剂为90%敌百虫1200倍液，80%敌敌畏乳油1200倍液，50%杀螟松1000倍液，2.5%溴氰菊酯乳油7000倍液等。而袋蛾幼虫对敌百虫药剂比较敏感，因此用90%敌百虫1200倍液进行喷雾可取得较好的防治效果。

$\dfrac{1}{2}$

1 小螺纹袋蛾

2 小螺纹袋蛾

间掌舟蛾 *Mesophalera sigmata*

别名 油茶青虫

分类地位 鳞翅目舟蛾科

寄主植物 油茶（新记录）。

危害特点 取食油茶叶片至缺刻状。

形态特征 成虫体长21.0～30.0mm；翅展52.0～67.0mm。头和胸部背面灰白掺有黑褐色小点。腹部背面褐黄色，末端两节和臀毛簇背面灰白掺有黑褐色。前翅灰白掺有雾状黑褐色点，斑纹大多由黑褐色竖鳞组成：基线仅在前缘和中室下见有2、3个小点；内线断续波浪形；中线紧靠外线，锯齿形，在M3脉向内伸至后缘与内线汇合；外线双股，由脉间月牙形线组成；横脉纹较凸起，其前方前缘处有1模糊的斜斑；亚端线由脉间锯齿形线组成；脉间缘毛黑褐色，其余灰白色。后翅暗褐色，后缘和前缘内半部褐黄色，脉端缘毛灰白色（李密等，2013c）。

生物学特性 在湖南每年发生2代。以幼虫吐丝结茧化蛹越冬。第1代成虫5月中下旬出现。幼虫6月上旬危害；第2代成虫7月上中旬，幼虫7月下旬至8月初发生。每雌产卵在130～400粒。卵散产于叶面上，每叶1～3粒。初产时暗绿色，渐变为赤褐色。初孵幼虫体黑色，老熟后成紫褐色或绿褐色，体较透明。幼虫活泼，受惊时尾突翻出红色管状物，并左右摆动。老熟幼虫爬至树干基部，咬破树皮和木质部吐丝结成坚实硬茧，紧贴树干，其颜色与树皮相近。成虫有趋光性。

防治方法

物理防治 利用成虫的趋性，可在成虫盛发期设置黑光灯诱杀成虫。

生物防治 在幼虫3龄期前喷施生物农药和病毒防治。树高在12m以下的中幼龄林，用药量Bt200亿IU/667m^2、青虫菌乳剂1亿～2亿孢子/ml喷雾。

化学防治 发生盛期选用阿维菌素6000～8000倍、45%丙溴辛硫磷（国光依它）1000倍液，或国光乙刻（20%氰戊菊酯）1500倍液＋乐克（5.7%甲维盐）2000倍液组合喷杀幼虫，可连用1～2次，间隔7～10天。

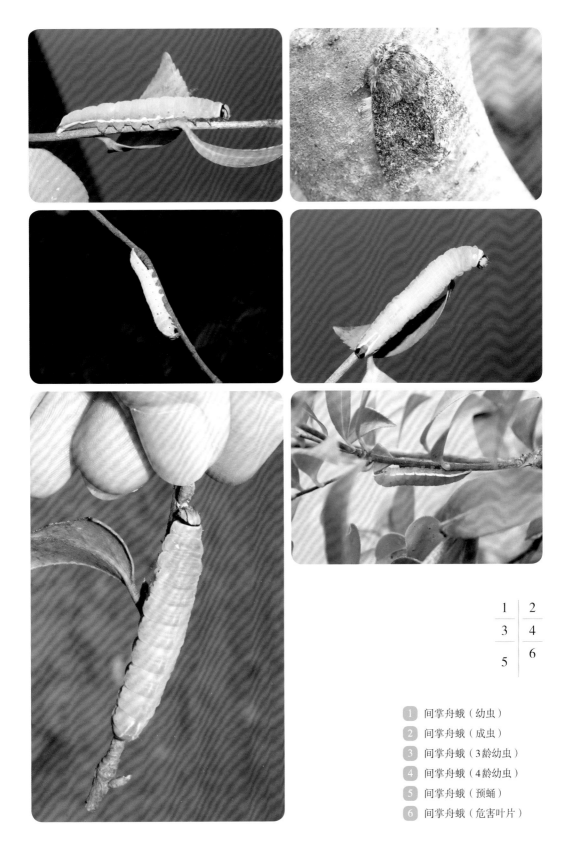

1	2
3	4
5	6

1 间掌舟蛾（幼虫）

2 间掌舟蛾（成虫）

3 间掌舟蛾（3龄幼虫）

4 间掌舟蛾（4龄幼虫）

5 间掌舟蛾（预蛹）

6 间掌舟蛾（危害叶片）

茶蚕 *Andraca bipunctata*

别名 茶狗子、茶叶家蚕、无毒毛虫、团虫

分类地位 鳞翅目蚕蛾科

寄主植物 茶、油茶、山茶等。

危害特点 以幼虫群聚危害，初孵幼虫群栖叶背蚕食，仅留中脉。后期幼虫群栖枝条，互相缠扭结成一团，不分老嫩，连同叶柄吃光，严重时致使油茶树被害光秃。对油茶产量、树势影响较大。

形态特征 成虫，体长12.0～20.0mm，翅展26.0～60.0mm，体翅咖啡色，有丝绒状光泽，前翅翅尖外缘处向外突出略呈钩状，前、后翅均有2条暗褐色波状横纹。雌蛾触角栉齿状。雄蛾体色较深，触角羽毛状。卵，浅黄色，椭圆形，常数十粒成行平铺在叶背呈长方形卵块。幼虫，棕褐色，背、侧面有灰白色纵纹和横纹，构成许多方格形花纹，体肥大，成长后长达55.0mm左右。蛹，暗红褐色，尾部有黄褐色绒毛。茧，椭圆形，灰褐色，丝质，较软。

生物学特性 在湖南每年发生2～3代，多以蛹越冬，2代区幼虫常在4～5月和9～10月盛发；3代区幼虫在4～5月、6～7月上旬和9～10月盛发。幼虫具群集性，1～2龄时群集在叶背取食，3龄后常在油茶树枝条上缠结成团，大量吞食叶片，并逐渐分群。老熟后则分散爬至根际枯枝落叶下结茧化蛹。卵成块产于嫩叶背面，每头雌蛾可产卵百余粒。幼虫期20～36天，蛹期20天左右，成虫寿命5～9天。茶蚕喜适温高湿短日照条件，炎热、干旱少雨、日照时间长不利于发生。

防治方法

物理防治 在集中连片的油茶林，安装杀虫灯、诱杀色板。

生物防治 注意保护利用天敌，如黑卵蜂、寄蝇、姬蜂、茶蚕颗粒体病毒、鸟类等。卵孵盛期至低龄幼虫盛期，喷每克含100亿孢子的Bt粉剂200倍液，或用茶蚕颗粒体病毒15～30g/m²，兑水50kg喷雾。

化学防治　3龄前幼虫期可选用40%烟碱水剂800倍液、0.6%苦参碱水剂1000倍液、4.5%高效氯氰菊酯水乳剂3000倍液、土农药闹羊花、博落回或雷公藤防治（王建，2020）。

1	2
3	4
5	6

1 茶蚕（成虫）
2 茶蚕（幼虫）
3 茶蚕（幼虫聚集）
4 茶蚕（卵）
5 茶蚕（初孵幼虫）
6 茶蚕（蛹）

黑缘棕麦蛾 *Dichomeris obsepta*

分类地位 鳞翅目麦蛾科

寄主植物 油茶。

危害特点 幼虫取食油茶叶片,以丝连缀边缘做成扁平虫苞。

形态特征 成虫体长7.0~9.0mm,翅展16.0~20.0mm。头褐色。触角线状,长约为翅的3/4。胸部及翅基片褐色,翅基片末端浅黄色。雄蛾中胸上前侧片有长毛撮。前翅浅黄色,前缘基部4/5褐色,后缘深褐色,中部扩展越过翅褶,近臀角处较窄;中室中部及末端各有1个明显的黑点;除顶角外,翅端部及外缘深褐色。后翅及缘毛深褐色,缘毛较长。老熟幼虫体长13.0~16.0mm,头部、前胸黑色有光泽,体浅绿色至棕绿色。前胸、中胸背面有6个小黑斑,靠近节间褶大致平行排列,背中的2个斑较小。第1~8腹节背面各有4个小黑斑,呈"八"字形排列。体上黑斑均生有1根灰白色刚毛。蛹棕黄色,长7.0~9.0mm。

生物学特性 在湖南4~10月均可采集到幼虫,4月采集的幼虫多,在5月中下旬化蛹,成虫寿命6~7天。幼虫将一片叶子的背面和另一叶片的正面平贴,以丝连缀边缘做成扁平虫苞,在虫苞中取食叶肉,主要取食叶片叶背的叶肉,有时也外出在叶片边缘取食成缺刻,排粪于虫苞外或虫苞内,受害叶最终枯黄。幼虫在虫苞中进出自由,但很少爬出虫苞外。成虫在晚上羽化,白天停息于叶面不活动。

防治方法

营林措施 结合油茶林地管理,摘除虫苞。

物理防治 利用成虫趋光性,林地设置杀虫灯诱杀成虫。

生物防治 注意保护利用天敌,如黑卵蜂、寄蝇、姬蜂等。

1	2
3	4

5	6

7

1 黑缘棕麦蛾（成虫）

2 黑缘棕麦蛾（幼虫）

3 黑缘棕麦蛾（老熟幼虫）

4 黑缘棕麦蛾（预蛹）

5 黑缘棕麦蛾（蛹）

6 黑缘棕麦蛾（趋光成虫）

7 黑缘棕麦蛾（危害状）

波纹杂毛虫　*Cyclophragma undans*

分类地位　鳞翅目枯叶蛾科

寄主植物　杂食性害虫，可取食油茶、白栎、栎、檫树等。

危害特点　取食油茶叶片至缺失状或全部取食仅剩叶脉。

形态特征　成虫翅展60.0～106.0mm。体翅有灰褐、黄褐、赤褐等色。雌蛾触角黄褐色。前翅呈4条波状纹，亚外缘斑列浅灰褐色，有的中、外横线间呈深色宽带，中室端白点明显，白点至翅基间黄色圆斑时隐时现。雄蛾触角黄色。前翅亚外缘斑列为浅褐色，斑列内侧呈淡黄色斑纹，亚外缘斑列至波状外横线间呈浅褐色或黄色宽带，外横线至中横线形成赤褐色或黄褐色宽带。

生物学特性　在湖南每年发生1代，以3～4龄幼虫在树干基部杂草中越冬。老熟幼虫在树枝上、附近针叶丛中或地被灌木上结茧化蛹，老熟幼虫体上及茧上均有毒毛。成虫多在傍晚羽化，交尾、产卵均在夜间进行。成虫8～9月出现。幼虫夜间取食。

防治方法

物理防治　成虫羽化盛期，利用黑光灯进行诱杀。

化学防治　最佳林间喷雾配比度为：1.3%苦参碱可溶液剂和1.2%烟碱·苦参碱乳油均为1300倍液；1%苦参·藜芦碱溶液、4%鱼藤酮乳油和0.6%印楝素乳油均为1000倍液，0.5%藜芦碱可溶液为800倍液。1.3%苦参碱可溶液和1.2%烟碱·苦参碱乳油与烟雾剂最佳配比度均为1:9时喷烟防治（洪宜聪，2021）。

1	2
3	4
5	6
7	

1 波纹杂毛虫（雌成虫）

2 波纹杂毛虫（雄成虫）

3 波纹杂毛虫（幼虫）

4 波纹杂毛虫（幼虫）

5 波纹杂毛虫（头部特写）

6 波纹杂毛虫（危害状）

7 波纹杂毛虫（卵）

油茶枯叶蛾 *Lebeda nobilis*

📝 **别名** 油茶毛虫、杨梅毛虫、杨梅老虎、大灰枯叶蛾

🔲 **分类地位** 鳞翅目枯叶蛾科

🌿 **寄主植物** 山毛榉、板栗、油茶、杨梅、苦槠、麻栎、锥栗。

☠ **危害特点** 取食油茶叶片至缺失状，严重发生时可将枝梢（枯梢）、叶部全部食光。

🧭 **形态特征** 成虫：雌蛾翅展75.0～95.0mm，雌蛾翅展50.0～80.0mm。体色变化较大，有黄褐、赤褐、茶褐、灰褐等色，一般雄蛾体色较雌蛾深。前翅有2条淡褐色斜行横带，中室末端有1个银白色斑点，臀角处有2枚黑褐色斑纹；后翅赤褐色，中部有1条淡褐色横带。卵呈灰褐色，球形，直径2.5mm，上下球面各有1个棕黑色圆斑，圆斑外有1个灰白色环。幼虫共7龄。1龄幼虫体黑褐色；头深黑色，有光泽，上布稀疏白色绒毛；胸背棕黄色；腹背蓝紫色；每节背面着生2束黑毛，第8节的较长；腹侧灰黄色。7龄幼虫体显著增大增长，体长113.0～134.0mm。蛹呈长椭圆状，腹端略细，暗红褐色。头顶及腹部各节间密生黄褐色绒毛。茧黄褐色，上附有较粗的毒毛，茧面有不规则的网状孔。

〰 **生物学特性** 在湖南每年发生1代，以卵越冬。翌年3月上中旬开始孵化。8月开始吐丝结茧，9月中下旬至10月上旬羽化、产卵。卵期长达160多天。幼虫老熟后多在油茶树叶和松树针叶丛中结茧化蛹，也有在灌丛中结茧的。蛹期20～25天。刚羽化出的成虫静伏4～5分钟，翅微微振动展开，紧贴于背面。羽化后6～8小时即交尾。产卵多在夜间进行。每雌平均产卵量170粒左右，分2～3次产完。卵产在油茶和灌木的小枝上。成虫白天静伏不动，夜间出来活动；有较强的趋光性。

➕ **防治方法**

营林措施　加强经营管理，提高油茶林抗御害虫的能力。

保护利用天敌　蛹期的天敌有松毛虫黑点瘤姬蜂、麻蝇等，卵期的天敌有赤眼蜂、金小蜂等，幼虫期可利用油茶枯叶蛾质型多角体病毒或白僵菌防治。

　　物理防治　成虫羽化盛期利用灯光诱杀。

　　化学防治　在幼虫初孵时或低龄幼虫期，喷50%马拉硫磷乳油0.1%液，或2.5%溴氰菊酯0.033%液或2.5%溴氰菊酯：滑石粉（8∶1000）。

1	2
3	4
5	6

1　油茶枯叶蛾（4龄幼虫）
2　油茶枯叶蛾（2龄幼虫）
3　油茶枯叶蛾（幼虫正面）
4　油茶枯叶蛾（幼虫侧面）
5　油茶枯叶蛾（卵）
6　油茶枯叶蛾（成虫）

斜隆木蛾 *Aeolanthes clinacta*

分类地位 鳞翅目木蛾科

寄主植物 油茶。

危害特点 幼虫将两片油茶叶子正反面平贴吐丝缀连，做成虫苞，取食叶片叶肉。

形态特征 成虫体长11.0～14.0mm，翅展21.0～25.0mm。头部灰白色，两侧及后头处杂生淡黄褐色毛。触角细丝状，柄节黄褐色，鞭节褐色。胸部和翅基片褐色。前翅翅端部除臀角处外密布黄褐色和褐色鳞片，外缘有1条褐线，中室近端部有一竖起的白色鳞毛簇；缘毛黄褐色，臀角处白色。后翅浅褐色，缘毛灰白色。足黄褐色，杂生灰褐色。老熟幼虫长16.0～20.0mm，体扁平，头部和第1胸节棕褐色，其余体节背面草绿色，体侧嫩绿色，胸节两侧各有一个品红色瘤突上生白色刚毛；第1～8腹节两侧各有一长形"品"字红色斑，第9～10腹节的红斑不明显或消失。蛹长10.0～14.0mm，长卵圆形，头胸部淡乳色，略透明；头部有两个标红色眼突。

生物学特性 幼虫将两片油茶叶子正反面平贴吐丝缀连，做成虫苞（林间大多正面的叶片朝上），在虫苞内正面的叶片上吐少量白色丝做成大体等与体长的丝垫，平时停息于丝垫上。幼虫取食虫苞内叶背叶肉，有时也到苞外取食，虫粪大多排于虫苞外。大龄幼虫一次可食1/4叶片，10天左右重新做新虫苞。化蛹前停食1天，预蛹期2～3天。蛹期天敌有寄生蜂。

防治方法

生物防治 用含孢子$2×10^9$/ml的白僵菌喷雾或喷粉。

化学防治 虫口基数较大时，用10%吡虫啉可湿性粉剂4000～5000倍液、50%辛硫磷乳油1000～2000倍液、2.5%溴氰菊酯乳油2000～3000倍液等进行喷雾。

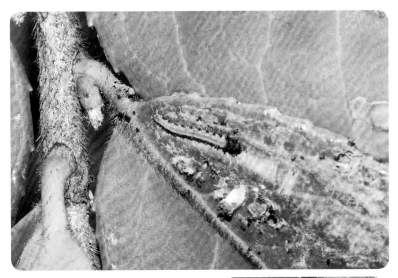

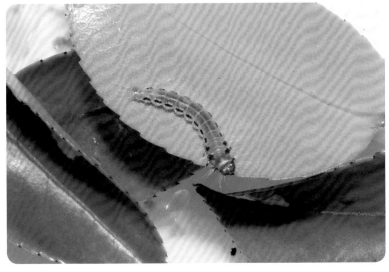

$\dfrac{1}{\dfrac{2}{3}}$

1 斜隆木蛾（幼虫）

2 斜隆木蛾（危害状）

3 斜隆木蛾（幼虫）

斜纹夜蛾　*Spodoptera litura*

分类地位　鳞翅目夜蛾科

分布　中国除西藏、青海不详外，广泛分布于各地。

寄主植物　除油茶外，寄主植物广泛，可危害各种农作物及观赏花木。

危害特点　斜纹夜蛾主要以幼虫危害，初孵幼虫在叶背危害，取食叶肉，仅留下表皮；3龄幼虫后造成叶片缺刻、残缺不堪甚至全部吃光，蚕食造成缺损，容易暴发成灾。

形态特征　成虫体长14.0～20.0mm，翅展35.0～46.0mm，体暗褐色，胸部背面有白色丛毛，前翅灰褐色，花纹多，内横线和外横线白色、呈波浪状、中间有明显的白色斜阔带纹，所以称斜纹夜蛾。卵呈扁平的半球状，初产黄白色，后变为暗灰色，块状黏合在一起，上覆黄褐色绒毛。幼虫体长33.0～50.0mm，头部黑褐色，胸部多变，从土黄色到黑绿色都有，体表散生小白点，冬节有近似三角形的半月黑斑一对。蛹长15.0～20.0mm，圆筒形，红褐色，尾部有一对短刺。

生物学特性　在湖南每年发生4～9代。在油茶上主要危害油茶苗。无休眠现象。发育最适温度为28～30℃，不耐低温。各地发生期的迹象表明，此虫有长距离迁飞的可能。成虫具趋光和趋化性。卵多产于叶片背面。幼虫共6龄，有假死性。4龄后进入暴食期，猖獗时可吃尽大面积寄主植物叶片，并迁徙他处危害。

防治方法

物理防治　①点灯诱蛾。利用成虫趋光性，于盛发期点黑光灯诱杀；②糖醋诱杀。利用成虫趋化性配糖醋（糖∶醋∶酒∶水＝3∶4∶1∶2）加少量敌百虫诱蛾。

生物防治　在幼虫进入3龄暴食期前，使用斜纹夜蛾核型多角体病毒200亿PIB/g水分散粒剂12000～15000倍液喷施，或选用16000IU/mg苏云金杆菌可湿性粉剂600～800倍液，或100亿活芽孢/g青虫菌粉剂1000倍液等喷雾防治（徐小平等，2021）。

化学防治 交替喷施2.5%灭幼脲，或25%马拉硫磷1000倍液，或5%卡死克，或5%农梦特2000～3000倍液，2～3次，隔7～10天1次，喷匀喷足。

1	2
3	4

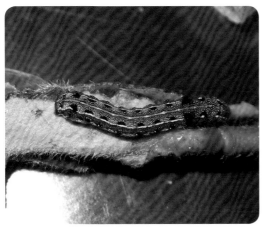

1 斜纹夜蛾（幼虫）
2 斜纹夜蛾（幼虫）
3 斜纹夜蛾（危害状）
4 斜纹夜蛾（成虫）

油茶叶蜂 *Dasmithius camellia*

📝 **别名** 油茶史氏叶蜂、油茶青虫

🏷 **分类地位** 膜翅目叶蜂科

🌿 **寄主植物** 油茶。

☠ **危害特点** 幼虫危害油茶春梢嫩叶，大发生时，油茶新老叶子全被吃光，严重影响油茶产量。

📡 **形态特征** 成虫，体长6.0～8.5mm，全体褐色。卵，淡黄色，较透明，椭圆形。幼虫，体长20.0～22.0mm，深绿色。裸蛹，长6.0～7.0mm，淡黄绿色，土室为泥质。

〽 **生物学特性** 在湖南每年发生1代，以蛹在油茶根际土中越冬。翌年2月底至3月初成虫羽化、产卵，3月底至4月初末幼虫危害高峰期。4月下旬幼虫下树钻入土中，5月初化蛹。成虫趋光性弱，傍晚及黎明栖于枝丫处，夜间躲入叶背。成虫产卵于萌动的芽内。产卵时，雌蜂锯破芽苞，将卵用黏液粘于芽内第3～5片嫩叶的正面，每芽产卵2～5粒。幼虫有假死性。初龄幼虫群栖危害，常数条一起将全叶食光仅留主脉，4～5龄幼虫分散危害。在虫口密度大，欠食的情况下，嫩枝亦被啃食而枯死。

➕ **防治方法**

营林措施　冬垦深翻林地可以消灭部分化蛹或越冬害虫。

化学防治　幼龄期可喷洒杀螟腈、亚胺硫磷、二溴磷1000～1500倍液，2.5%溴氰菊酯乳油2500～3000倍液。

1	2
3	4
5	6
7	8	9

1 油茶叶蜂（成虫）　　　4 油茶叶蜂（危害状）　　　7 油茶叶蜂（成虫取食）

2 油茶叶蜂（幼虫）　　　5 油茶叶蜂（栖息状）　　　8 油茶叶蜂（蛹）

3 油茶叶蜂（幼虫背面）　6 油茶叶蜂（干树躲阴）　　9 油茶叶蜂（危害状）

（四） 枝干害虫

油茶织蛾 *Casmara patrona*

别名 茶枝镰蛾、油茶蛀蛾、油茶蛀茎（梗）虫、茶枝蛀蛾、钻心虫

分类地位 鳞翅目织蛾科

寄主植物 茶、油茶、山茶等。

危害特点 幼虫从上向下蛀食枝干，致枝条中空、枝梢凋萎，日久干枯，大枝也常整枝枯死或折断。

形态特征 成虫，体长15.0～18.0mm，翅展32.0～40.0mm。体、翅茶褐色。触角黄白色丝状。下唇须长，上弯。前翅近方形，沿前翅前缘外端生一土红色带，外缘灰黑色，内侧具一土黄色大斑，斑中央具一狭长三角形黑带纹指向顶角处，其后具灰白色纹分割的2个黑褐色斑，近翅基中部具红色隆起斑块。后翅灰褐色较宽。卵长1.0mm，马齿形，浅米黄色。幼虫体长30.0～40.0mm，头细小，头部黄褐色，中央生一个浅黄色"人"字形纹，胸部略膨大。前胸和中胸背板浅黄褐色，前胸、中胸间背面有1个隆起的乳白色肉瘤，背部稍呈浅红色。蛹长18.0～20.0mm，长圆筒形，黄褐色，腹末具突起1对。

生物学特性 在湖南每年发生1代，以幼虫在被害枝干内越冬。翌年3月上中旬，日平均气温达到10℃，开始取食。初孵幼虫从嫩梢或顶芽基部爬行到嫩梢顶端叶腋间蛀入。蛀食前，先在欲蛀的上方吐一层丝遮蔽虫体。刚孵化的幼虫食量小，虫道很细。因嫩梢细小，被全部蛀空，仅剩下表皮层，枝梢逐渐呈现枯萎状。此后，幼虫逐渐蛀入枝干或主干，虫道逐渐增大且光滑。4月下旬化蛹，5月上旬羽化，成虫飞翔力强，昼伏夜出，一般在一个枝条上产卵1粒。雨天或有风天气活动减少，但蒙蒙细雨或微风对其活动无影响。成虫具弱趋光性。

➕ 防治方法

营林措施　冬季、翌春细心检查有虫枝并剪除，及时收集风折虫枝，集中烧毁或深埋，可压低虫口，减少危害。

物理防治　根据成虫趋光性利用黑光灯进行诱杀。

化学防治　必要时用脱脂棉沾50%辛硫磷乳油40～50倍液，塞进虫孔后用泥封住，可毒杀幼虫。可采用苏云金杆菌、森得保或阿维菌素等生物制剂进行防治（刘达富，2018）。

1　油茶织蛾（成虫）

2　油茶织蛾（幼虫）

3　油茶织蛾（幼虫吐丝）

4　油茶织蛾（粪便）

5　油茶织蛾（危害状）

6　油茶织蛾（茧）

7　油茶织蛾（初蛹）

8　油茶织蛾（成虫蛹）

9　油茶织蛾（成虫）

10　油茶织蛾（危害状，幼林）

1	2	3
4	5	6
7	8	9

10

油茶堆砂蛀蛾 *Linoclostis gonatias*

别名 茶枝木掘蛾

分类地位 鳞翅目蛀蛾科

寄主植物 茶、油茶和相思树等。

危害特点 在枝干分叉处蛀成短直虫道，孔外结有丝巢，并粘缀有红砂粒状的木质粪粒和碎叶。幼虫躲藏在蛀道里，以取食枝条木质部为主，有时也取食巢穴周围叶片、嫩梢或者果皮。

形态特征 成虫翅展约16.0mm，体长约9.0mm，身体白色，前翅白色、后翅银白色，具光泽。雌成虫触角丝状，雄成虫触角为羽毛状。卵球形，乳黄色。老熟幼虫体长16.0～18.0mm，头部为赤褐色，前胸背板黑褐色，中胸背板红褐色，后胸背板和腹部白色，各腹节有红褐和黄褐色斑纹，并前后断续连成纵线。各腹节上都有6个黑点，前行4个，后行2个，排列为2行。蛹长约8.0mm，圆筒形，黄褐色。

生物学特性 在湖南每年发生2代，以未成熟幼虫在受害枝处过冬。3月中下旬开始取食，幼虫吐丝黏缀虫粪、木屑等形成虫巢，似堆砂状。虫巢长约3.0cm，一端较粗黏在树皮上，另一端与蛀孔相通，取食时爬出来，平时隐蔽在虫道内，遇有惊扰立即缩入巢里。管理粗放的油茶林易发生。进入5月下旬，老熟幼虫开始化蛹，6月上旬有的羽化。第2代幼虫10月中旬出现，11月中下旬羽化，产卵。

防治方法
营林措施　结合修剪，剪除虫枝。
物理防治　林间设置杀虫灯诱杀成虫。
生物防治　栽种蜜源植物，吸引和保护天敌。

咖啡木蠹蛾 *Zeuzera coffeae*

分类地位 鳞翅目木蠹蛾科

寄主植物 油茶、茶树、油梨、金鸡纳、番石榴、石榴、梨、苹果、桃、枣、荔枝、龙眼、柑橘、棉、杨、木槿、大红花和台湾相思等。

危害特点 幼虫危害树干和枝条，致被害处以上部位黄化枯死，或易受大风折断。严重影响植株生长和产量。

形态特征 成虫体灰白色，长15.0～18.0mm，翅展25.0～55.0mm。雄蛾端部线形。胸背面有3对青蓝色斑。腹部白色，有黑色横纹。前翅白色，半透明，布满大小不等的青蓝色斑点；后翅外缘有青蓝色斑点；后翅外缘有青蓝色斑8个。雌蛾一般大于雄蛾，触角丝状。卵为圆形，淡黄色。老龄幼虫体长30.0mm，头部黑褐色，体紫红色或深红色，尾部淡黄色。各节有很多粒状小突起，上有白毛1根。蛹长椭圆形，红褐色，长14.0～27.0mm，背面有锯齿状横带。尾端具短刺12根。

生物学特性 在湖南每年发生1代。以幼虫在被害枝条内越冬。翌年春季转蛀新茎。6月上旬至7月上旬是幼虫危害期。7月上旬开始化蛹，蛹期16～30天，8月下旬羽化，成虫寿命3～6天。羽化后1～2天内交尾产卵。一般将卵产于孔口，数粒成块。卵期10～11天。9月上旬孵化，孵化后吐丝下垂，随风扩散。

防治方法

营林措施 生长季节注意检查并及时剪掉2～3年生枝条，检查发现后可剪除虫枝带出林地销毁。冬季和春季休眠期结合整形修剪，剪除干枯的虫枝，并消灭虫枝内的越冬幼虫。

灯光诱杀 成虫羽化期，可用频振式杀虫灯或黑光灯诱杀。

化学防治 主要在产卵期和幼虫孵化期进行防治，以灭幼脲、氟铃脲、杀铃脲等苯甲酰脲类杀虫剂结合菊酯类杀虫剂防治。树顶及树顶枝条的芽腋部位要喷到。也可选用有熏蒸作用的药剂如辛硫磷注药防治，注药后用湿泥糊住孔口。

$$1 \quad \begin{array}{c|c} & \dfrac{2}{3} \\ \hline & 4 \end{array}$$

① 咖啡木蠹蛾（幼虫）　　③ 咖啡木蠹蛾（蛹）

② 咖啡木蠹蛾（危害状）　④ 咖啡木蠹蛾（危害状）

小白巢蛾 *Thecobathra sororiata*

分类地位 鳞翅目巢蛾科

寄主植物 油茶。

危害特点 以幼虫排泄物（粪便）在树干上结成可伸缩性丝网，幼虫躲在丝网内以啃食油茶枝干树皮危害。

形态特征 翅展 13.0～17.0mm，银白色触角 2/3 齿状，多毛茸，柄节粗大，有密鳞。下颚须微小，下唇须细长，光滑，第 2 节略短于第 3 节，末端尖，略上举。鳞片发达。前翅宽，外缘斜。12 条脉彼此分离，翅面银白色，有许多分散不规则的褐色鳞片斑；后翅灰褐色。老熟幼虫体长 30.0～35.0mm，头褐色，体灰色。

生物学特性 在湖南每年发生 1 代，以幼虫在丝网中越冬。幼虫于 3 月上中旬开始活动，并开始取食油茶枝干树皮，利用排泄物吐丝粘黏覆盖于树皮上，幼虫躲于丝网中活动。4 月下旬，化蛹时在树皮处咬食成一个较深的区域（直达韧皮部）；5 月上旬羽化。

防治方法

营林措施 每年 2 月至第 2 年 4 月底，结合油茶林地抚育刷除树皮丝网；利用幼虫受惊后，向后跳动吐丝下垂的习性，可以敲打树枝，幼虫落地后集中杀死。

属于偶发性害虫，可与其他害虫一起进行系统防控。

黑跗眼天牛 *Chreonoma atritarsis*

别名 油茶蓝翅天牛

分类地位 鞘翅目天牛科

寄主植物 茶、油茶。

危害特点 幼虫蛀入油茶枝杆蛀食危害，枝杆被害部位肿胀成节，严重影响养分的正常输导或导致结节以上枝杆枯死。

形态特征 成虫，体长 9.0～13.0mm。头部酱红色，其上被深棕色竖毛。复眼黑色。触角柄节基部酱红色，第 2 节最短，基部 1/4 处黄色，第 3～5 节的基部 2/3 左右为橙黄色，其他部分和以后各节皆黑色。前胸背板及小盾片酱红色，被黄色竖毛。鞘翅紫蓝色，被黑色竖毛，各足胫节端部和跗节黑色。卵，卵圆形，长 2.0～3.0mm，黄色。幼虫，体长 18.0～22.0mm，扁筒形，头和前胸棕黄色，上颚黑，上唇及唇基密生细毛，胸、腹节皆黄色，腹部第 9～10 节末端有细毛丛生。蛹体长 15.0mm，体色橙黄，翅芽和复眼黑色（石兴昌等，2020）。

生物学特性 在湖南每年发生 1 代，以幼虫在被害枝干内越冬，3 月下旬至 5 月中旬化蛹，4 月下旬至 6 月中旬出现成虫产卵，6 月中旬至 7 月中旬幼虫孵化。成虫多喜停在油茶叶片上部叶背，咬食叶背主脉。幼虫老熟后在结节上方咬一圆形羽化孔，然后在虫道内化蛹。

防治方法

营林措施 结合林地抚育修剪油茶树枯枝、病枝、虫枝、丛枝、无效枝并集中烧毁，发现枝干的表皮肿胀处，用刀削刮危害处，清除幼虫，再在削刮处涂上泥浆，恢复伤口。

化学防治 在 4 月中下旬至 6 月上旬成虫羽化期，喷施稀释的绿色威雷或 40%～48% 噻虫啉悬浮剂进行防治，喷施到树干、大枝和天牛成虫喜出没之处。幼虫危害期可采用涂刷法、注射法、封堵法、喷雾法进行防治。选用 10% 高效氟氯氢菊酯或

50％辛硫磷乳剂，用注射器把药液注入虫孔中，再用填堵材料沾泡复配杀虫剂封堵死蛀孔。

1	2
	3
4	5

1 黑蚪眼天牛（幼虫）
2 黑蚪眼天牛（危害状）
3 黑蚪眼天牛（钻蛀孔）
4 黑蚪眼天牛（幼虫）
5 黑蚪眼天牛（危害状）

楝闪光天牛 *Aeolesthes induta*

别名 茶天牛

分类地位 鞘翅目天牛科

寄主植物 油茶、茶、楝树、乌桕、橡树。

危害特点 幼虫蛀食枝干和根部，致上部叶片枯黄，树势衰弱，严重时整株枯死。

形态特征 成虫体长30.0～38.0mm，暗褐色，有光泽，生有褐色密短毛。头顶中央具1条纵脊。复眼黑色，两复眼在头顶几乎相接。触角中、上部各节端部向外突并生1小刺。雌虫触角近等于体长。雄虫触角近体长的2倍；鞘翅上具浅褐色密集的绢丝状绒毛，绒毛具光泽，排列成不规则方形，似花纹。卵长约4.0mm，宽约2.0mm，长椭圆形，乳白色。幼虫老熟幼虫体长42.0～58.0mm，圆筒形，头浅黄色，胸部、腹部乳白色，前胸宽大，硬皮板前端生黄褐色斑块4个，后缘生有"一"字形纹1条，中胸至第7腹节背面中央生有肉瘤状突起，腹面亦有疣突。气门褐色。蛹长25.0～37.0mm，乳白色至浅赭色。

生物学特性 在湖南2～3年发生1代，以幼虫或成虫在寄主枝干或根内越冬。越冬成虫于翌年4月下旬至7月上旬出现，雌虫5月下旬开始产卵，6月上旬幼虫开始孵化，10月下旬越冬，下一年8月下旬至9月底化蛹，9月中旬至10月中旬成虫羽化，羽化后成虫不出土，在蛹室内越冬，到第3年4月下旬才开始出孔活动。成虫夜晚、凌晨活动，具趋光性，可取食少量油茶叶片，卵多散产在距地面7.0～35.0cm、茎粗2.0～6.0cm的枝干上，每株产1～2粒卵。幼虫在地际3.0～5.0cm处留有细小排泄孔，孔外地面堆有虫粪木屑。老熟幼虫上移至地表，在茎壁上咬羽化孔，而后化蛹。该天牛在老龄、树势弱、缺乏管理的油茶林危害重。油茶林边缘危害重，中心地带发生少。一般相对干燥的地方发生较多，土壤长期潮湿或溃水的低洼地带几乎不发生。

＋ 防治方法

物理防治 成虫具有趋光性，可在成虫发生期安装诱虫灯诱杀成虫，或使用糖醋酒液或蜂蜜20倍稀释液作为诱饵，糖醋酒液可按照糖、醋、酒、水体积比为3：2：1：10进行配制。诱捕器悬挂高度以平行或高于油茶林30cm为宜。

化学防治 使用浸过1：100倍敌敌畏（40%乳剂）液的棉球塞入排泄孔中，再用泥土封口，可毒杀幼虫。

1	2
3	4

① 楝闪光天牛（成虫）　　③ 楝闪光天牛（危害状）
② 楝闪光天牛（危害状）　　④ 楝闪光天牛（成虫）

油茶红翅天牛　*Erythrus blairi*

别名　茶红翅天牛

分类地位　鞘翅目天牛科

寄主植物　茶、油茶及桃等。

危害特点　以幼虫钻进一、二年生的油茶枝条，被害枝自顶梢以下全部枯死，严重影响油茶的生长发育。

形态特征　成虫体长约15.0mm，体黑色。前翅和翅鞘红褐色，前胸背面有1对疣状黑点。成长幼虫体长15.0～30.0mm，体乳白至淡褐色，前胸硬皮板乳黄至红褐色。

生物学特性　在湖南2年发生1代，第1年以幼虫越冬，翌年春暖时继续危害，至8月初化蛹，8月中下旬成虫羽化，留在虫道蛹室内越冬，至第3年4月才爬出虫道；每年4～5月成虫盛发。成虫产卵于嫩梢顶端或侧枝上部皮层内，幼虫孵化后即钻入梢内向下蛀食，钻蛀到主干后，则来回转向蛀食粗约6mm的侧枝和分枝。被害枝干上有排泄孔，其下方叶片或地面上常堆积木屑状虫粪。

防治方法

　　营林措施　结合修剪及时去除虫害枝，减少虫源，防止扩散；结合林地管理刮除枝干卵粒。

　　物理防治　采用诱捕器诱杀和诱捕天牛成虫。

　　生物防治　保护天敌如草蛉、食螨瓢虫、小花蝽及捕食螨等天敌；引进肿腿蜂、花绒寄甲等寄生性天敌，或在林内施放白僵菌粉孢，白僵菌含孢量为200亿～300亿/g，施药量为50亿～60亿/hm²。

　　化学防治　于成虫羽化期（3～6月），采用新型的天牛防治农药8%绿色威雷药液，常规或超低容量喷雾喷洒在地面以上树干、大枝和其他天牛成虫喜出没之处，防治成虫。

$$\frac{1}{3} \Big| \frac{2}{4}$$

$$\frac{}{5} \Big| \frac{}{6}$$

1　油茶红翅天牛（成虫）

2　油茶红翅天牛（幼虫）

3　油茶红翅天牛（枝条蛀道）

4　油茶红翅天牛（成虫栖息状）

5　油茶红翅天牛（危害状）

6　油茶红翅天牛（危害状）

三 有害植物

葛藤 *Argyreia seguinii*

别名 野葛、白花银背藤、甜葛藤等

分类地位 旋花科银背藤属藤本

分布 原产于中国、朝鲜、韩国、日本等地，在中国华南、华东、华中、西南、华北、东北等地区广泛分布，而以东南和西南各地最多。

危害特点 攀缘至油茶树冠，遮挡阳光，影响油茶光合作用。

形态特征 高达3.0m，茎圆柱形、被短绒毛。叶互生，宽卵形，长10.5～13.5cm，宽5.5～12.0cm，先端锐尖或渐尖，基部圆形或微心形，叶面无毛，背面被灰白色绒毛，侧脉多数，平行，在叶背面突起；叶柄长4.5～8.5cm。聚伞花序腋生，总花梗短，长1.0～2.5cm，密被灰白色绒毛；苞片明显，卵圆形，长及宽2.0～3.0cm，外面被绒毛，内面无毛，紫色；萼片狭长圆形，外面密被灰白色长柔毛，长13.0mm，宽5.0mm，内萼片较小；花冠管状漏斗形，白色，外面被白色长柔毛，长6.0～7.0cm，冠檐浅裂；雄蕊及花柱内藏，雄蕊着生于管下部，花丝短，花药箭形；子房无毛，花柱丝状，柱头头状。

生物学特性 生于丘陵地区的坡地上或疏林中，分布海拔高度300～1500m处。葛藤喜温暖湿润的气候，喜生于阳光充足的阳坡。常生长在草坡灌丛、疏林地及林缘等处，攀附于灌木或树上的生长最为茂盛。对土壤适应性广，除排水不良的黏土外，山坡、荒谷、砾石地、石缝都可生长，而以湿润和排水通畅的土壤为宜。耐酸性强，土壤pH值4.5左右时仍能生长。耐旱，年降水量500mm以上的地区可以生长。耐寒，在寒冷地区，越冬时地上部冻死，但地下部仍可越冬，第2年春季再生。

$$\frac{1}{\frac{2}{3}}$$

1 葛藤（危害状）

2 葛藤（花）

3 葛藤（果）

菟丝子 *Cuscuta chinensis*

别名 吐丝子、无娘藤、无根藤、萝丝子

分类地位 旋花科菟丝子属

分布 分布于中国及伊朗、阿富汗、日本、朝鲜、斯里兰卡、马达加斯加、澳大利亚。生于海拔200～3000m的田边、山坡阳处、路边灌丛或海边沙丘，通常寄生于豆科、菊科、蒺藜科等多种植物上。

危害特点 是一种生理构造特别的寄生植物，其组成的细胞中没有叶绿体，利用爬藤状构造攀附在其他植物上，并且从接触寄主的部位伸出尖刺，戳入宿主直达韧皮部，吸取养分以维生，更进一步还会储存成淀粉粒于组织中。

形态特征 一年生寄生草本。茎缠绕，黄色，纤细，直径约1.0mm，无叶。花序侧生，少花或多花簇生成小伞形或小团伞花序，近于无总花序梗；苞片及小苞片小，鳞片状；花梗稍粗壮，长仅1.0mm许；花萼杯状，中部以下连合，裂片三角状，长约1.5mm，顶端钝；花冠白色，壶形，长约3.0mm，裂片三角状卵形，顶端锐尖或钝，向外反折，宿存；雄蕊着生花冠裂片弯缺微下处；鳞片长圆形，边缘长流苏状；子房近球形，花柱2，等长或不等长，柱头球形。蒴果球形，直径约3.0mm，几乎全为宿存的花冠所包围，成熟时整齐的周裂。种子2～49，淡褐色，卵形，长约1.0mm，表面粗糙。

生物学特性 菟丝子以种子繁殖和传播，菟丝子种子成熟后落入土中，休眠越冬后，翌年3～6月温湿度适宜时萌发，幼苗胚根伸入土中，胚芽伸出土面，形成丝状的菟丝子，在空中来回旋转，遇到适宜寄主就缠绕在上面，在接触处形成吸根伸入寄主。吸根进入寄主组织后，部分组织分化为导管和筛管，分别与寄主的导管和筛管相连，自寄主吸取养分和水分。当寄生关系建立后，菟丝子就和它的地下部分脱离，茎继续生长并不断分枝，以至覆盖整个树冠，一般夏末开花，秋季陆续结果，成熟后蒴果破裂，散出种子，落地越冬。

1	
2	3
	4

1 菟丝子（危害状）　　3 菟丝子（茎）

2 菟丝子（危害状）　　4 菟丝子（花）

三裂叶薯　*Ipomoea triloba*

别名　小花假番薯、红花野牵牛

分类地位　旋花科番薯属

分布　在中国台湾岛、美洲热带以及中国大陆的中部及广东等地，多生在丘陵路旁、荒草地及田野，本种原产热带美洲，现已成为热带地区的杂草。

危害特点　攀缘至油茶树冠，遮挡阳光，影响油茶光合作用。

形态特征　草本；茎缠绕或有时平卧，无毛或散生毛，且主要在节上。叶宽卵形至圆形，长2.5～7.0cm，宽2.0～6.0cm，全缘或有粗齿或深3裂，基部心形，两面无毛或散生疏柔毛；叶柄长2.5～6.0cm，无毛或有时有小疣。花序腋生，花序梗短于或长于叶柄，长2.5～5.5cm，较叶柄粗壮，无毛，明显有棱角，顶端具小疣，1朵花或少花至数朵花成伞形状聚伞花序；花梗多少具棱，有小瘤突，无毛，长5.0～7.0mm；苞片小，披针状长圆形；萼片近相等或稍不等，长5.0～8.0mm，外萼片稍短或近等长，长圆形，钝或锐尖，具小短尖头，背部散生疏柔毛，边缘明显有缘毛，内萼片有时稍宽，椭圆状长圆形，锐尖，具小短尖头，无毛或散生毛；花冠漏斗状，长约1.5cm，无毛，淡红色或淡紫红色，冠檐裂片短而钝，有小短尖头；雄蕊内藏，花丝基部有毛；子房有毛。蒴果近球形，高5.0～6.0mm，具花柱基形成的细尖，被细刚毛，2室，4瓣裂。种子较少，长3.5mm，无毛。

$\dfrac{1}{2}$
$\dfrac{}{3}$

1 三裂叶薯（花）

2 三裂叶薯（危害状）

3 三裂叶薯（危害状）

土茯苓 *Rhizoma Smilacis*

别名 土萆解、刺猪苓、山猪粪、草禹余粮、硬饭、山地栗

分类地位 百合科多年生常绿攀缘状灌木

分布 分布于我国安徽、浙江、江西、福建、湖南、湖北、广东、广西、四川、云南等省份。多生于山坡或林下。

危害特点 攀缘至油茶树冠，遮挡阳光，影响油茶光合作用。

形态特征 土茯苓为攀缘灌木，长1.0～4.0mm。茎光滑，无刺。根状茎粗厚、块状，常由葡匐茎相连接，粗2.0～5.0cm。叶互生；叶柄长5.0～15.0（20.0）mm，占全长的1/4～3/5，具狭鞘，常有纤细的卷须2条，脱落点位于近顶端；叶片薄革质，狭椭圆状披针形至狭卵状披针形，长6.0～12.0（15.0）cm，宽1.0～4.0cm，先端渐尖，基部圆形或钝，下面通常淡绿色。伞形花序单生于叶腋，通常具10余朵花；雄花序总花梗长2.0～5.0mm，通常明显短于叶柄，极少与叶柄近等长，在总花梗与叶柄之间有1芽；花序托膨大，连同多数宿存的小苞片多少呈莲座状，宽2.0～5.0mm，花绿白色，六棱状球形，直径约3.0mm；雄花外花被片近扁圆形，宽约2.0mm，兜状，背面中央具纵槽，内花被片近圆形，宽约1.0mm，边缘有不规则的齿；雄花靠合，与内花被片近等长，花丝极短；雌花序的总梗长约1.0cm，雌花外形与雄花相似，但内花被片边缘无齿，具3枚退化雄蕊。浆果直径6.0～8.0mm，熟时黑色，具粉霜。花期5～11月，果期11月至翌年4月。

1	2
3	4

1 土茯苓（果）
2 土茯苓（果）
3 土茯苓（危害状）
4 土茯苓（花）

杠板归 *Polygonum perfoliatum*

别名 刺犁头、老虎利、老虎刺、三角盐酸、贯叶蓼

分类地位 蓼科蓼属

分布 生长于海拔80～2300m的田边、路旁、山谷湿地。

危害特点 攀缘至油茶树冠，遮挡阳光，影响油茶光合作用。

形态特征 一年生草本。茎攀缘，多分枝，长1～2m，具纵棱，沿棱具稀疏的倒生皮刺。叶三角形，长3.0～7.0cm，宽2.0～5.0cm，顶端钝或微尖，基部截形或微心形，薄纸质，上面无毛，下面沿叶脉疏生皮刺；叶柄与叶片近等长，具倒生皮刺，盾状着生于叶片的近基部；托叶鞘叶状，草质，绿色，圆形或近圆形，穿叶，直径1.5～3.0cm。总状花序呈短穗状，不分枝顶生或腋生，长1.0～3.0cm；苞片卵圆形，每苞片内具花2～4朵；花被5深裂，白色或淡红色，花被片椭圆形，长约3mm，果时增大，呈肉质，深蓝色；雄蕊8，略短于花被；花柱3，中上部合生；柱头头状。瘦果球形，直径3.0～4.0mm，黑色，有光泽，包于宿存花被内。花期6～8月，果期7～10月。

1 | 2

1 杠板归（花）
2 杠板归（果实）

$$\frac{1}{2 \mid 3}$$

1 杠板归（危害成林）

2 杠板归（危害成林）

3 杠板归（危害幼树）

参考文献

陈湖莲, 张吉林, 李芬, 等, 2019. 油茶主要病虫害及其防治技术[J]. 生物灾害科学, 42(03): 206-209.

陈亮, 王一鹏, 陈寒妹, 等, 2020. 上海市泖港镇水源涵养生态公益林主要害虫调查及防治建议[J]. 绿色科技(19): 153-155.

陈顺立, 童文钢, 李友恭, 1994. 钩翅尺蛾生物学特性及防治研究[J]. 林业科学研究(01): 101-105.

陈叶青, 樊军龙, 2016. 大蓑蛾生活史观察及防治效果试验研究[J]. 中国林副特产(01): 34-36.

陈永忠, 2008. 油茶栽培技术[M] 长沙: 湖南科学技术出版社.

丁坤明, 饶漾萍, 饶辉福, 等, 2014. 碧蛾蜡蝉与柿广翅蜡蝉的发生及防治[J]. 植物医生, 27(03): 19.

丁坤明, 饶辉福, 饶漾萍, 等, 2016. 咸宁茶区茶刺蛾的发生与防治技术[J]. 植物医生, 29(04): 70-71.

宫庆涛, 武海斌, 姜莉莉, 等, 2019. 铜绿丽金龟生物学特性及防控技术[J]. 落叶果树, 51(02): 37-39.

郭华伟, 罗宗秀, 2019. 茶园中的青色拱拱虫——茶银尺蠖[J]. 中国茶叶, 41(09): 15-16.

何学友, 2016. 油茶常见病及昆虫原色生态图鉴[M]. 北京: 科学出版社.

洪宜聪, 2021. 6种植物源农药防治波纹杂毛虫林间药效分析[J]. 福建林业科技, 48(01): 36-44+105.

黄敦元, 王森, 2010. 油茶病虫害防治[M]. 北京: 中国林业出版社.

湖南省林业厅, 1992. 湖南森林昆虫图鉴[M]. 长沙: 湖南科学技术出版社.

贾代顺, 卯吉华, 陈福, 等, 2017. 高原山区油茶茶苞病的发生与防治研究[J]. 西部林业科学, 46(05): 29-34+51.

姜春燕, 2018. 油茶宽盾蝽 *Poecilocoris latus* Dallas[J]. 应用昆虫学报, 55(01): 24.

金银利, 马全朝, 张方梅, 等, 2019. 信阳茶区柿广翅蜡蝉越冬种群的发生与为害规律[J]. 茶叶科学, 39(05): 595-601.

劳有德, 2018. 危害蜜柚的三种象甲与防控技术[J]. 南方园艺, 29(02): 25-28.

冷德良, 肖建强, 王迪轩, 等, 2019. 桃蛀螟危害桃李的症状表现与防治要点[J]. 科学种养(10): 37-39.

黎健龙, 赵文霞, 周波, 等, 2020. 茶树叶部害虫之金黄色的茶叶斑蛾[J]. 中国茶叶, 42(03): 13-15.

李密, 何振, 夏永刚, 等, 2012. 油茶苗圃地新害虫——斜纹夜蛾[J]. 中国森林病虫, 31(02): 46.

李密, 何振, 夏永刚, 等, 2013a. 湖南主要油茶产区茶角胸叶甲的发生与防治[J]. 中国森林病虫, 32(02): 32-35+43.

李密, 邹佳慧, 何振, 等, 2013b. 湖南油茶林害虫群落组成及其物种多样性[J]. 中南林业科技大学学报, 33(05): 11-15.

李密, 周刚, 彭争光, 等, 2014. 湖南油茶害虫风险性评估及危险性等级划分[J]. 中国农学通报, 30(19): 277-283.

李密, 周红春, 伍义平, 等, 2013c. 记述3种鳞翅类油茶新害虫[J]. 湖南林业科技, 40(01): 36-37+125.

李晓荣, 2021. 苹果园钻蛀性害虫咖啡木蠹蛾防治技术[J]. 西北园艺(果树)(01): 22-23.

李耀明, 2021. 茶角胸叶甲的识别与防控[J]. 湖南农业(01): 19.

廖仿炎, 赵丹阳, 秦长生, 等, 2015. 油茶枝干病虫害研究现状及防治对策[J]. 广东林业科技, 31(02): 114-124.

林武, 林杰, 林长征, 2021. 福安茶园茶丽纹象甲的发生为害特点与绿色防控技术[J]. 农家参谋(12): 54-55.

林远, 2015. 油桐病虫害防治[J]. 林业与生态(12): 34-35.

林钟, 2020. 柘荣有机茶园假眼小绿叶蝉发生规律及其防治探究 [J]. 南方农业, 14(26): 32-35.

刘达富, 王井田, 金有明, 等, 2018. 油茶织蛾林间防治研究 [J]. 安徽农业科学, 46(35): 143-145.

刘锡琏, 魏安靖, 樊尚仁, 等, 1981. 油茶软腐病病原菌的研究 [J]. 微生物学报, 21(02): 154-163+259-260.

龙同, 乐群芬, 杨国琼, 等, 2019. 几种杀虫剂对茶丽纹象甲的室内、田间药效比较试验 [J]. 湖北农业科学, 58(24): 109-112.

卢小凤, 2021. 油茶软腐病发生规律调查及综合防治技术 [J]. 乡村科技, 12(01): 70-71.

芦夕芹, 张云贵, 2007. 圆纹宽广蜡蝉的识别及防治 [J]. 农技服务 (12): 44+105.

罗辑, 蒋学建, 陈卫国, 等, 2020. 广西油茶害虫新纪录及其为害 [J]. 中国植保导刊, 40(11): 28-34.

罗健, 陈永忠, 杨正华, 等, 2012. 冬季修剪对油茶抗软腐病能力的影响 [J]. 经济林研究, 30(04): 77-81.

罗志文, 李佳琳, 朱云, 等, 2013. 折带黄毒蛾生物学特性及综合防治 [J]. 生物灾害科学, 36(01): 31-34.

马爱国, 2010. 林业有害生物防治历 (1) [M]. 北京: 中国林业出版社.

马玲, 朱桂兰, 曾爱平, 2017. 油茶象甲研究进展 [J]. 湖南林业科技, 44(03): 84-89.

米仁荣, 田虹, 蔡道辉, 等, 2018. 龙山县柑橘柿广翅蜡蝉的发生与防治 [J]. 现代农业科技 (07): 145+147.

秦绍钏, 张柱亭, 王洪, 2020. 油茶炭疽病防治技术探析 [J]. 南方农机, 51(08): 10.

邱建生, 余金勇, 吴跃开, 等, 2011. 贵州油茶叶肿病研究初报 [J]. 贵州林业科技, 39(01): 19-22.

石兴昌, 吴运辉, 李振东, 等, 2020. 油茶黑跗眼天牛防治技术调查研究 [J]. 绿色科技 (11): 103-104+106.

孙浩, 焦习鹏, 白玉, 2015. 园林绿化树木害虫扁刺蛾的发生与防治 [J]. 现代农村科技 (20): 25-26.

王芳, 付红梅, 胡松余, 等, 2020. 油茶桃蛀螟生物学特性及灯光诱杀技术研究 [J]. 浙江林业科技, 40(04): 54-59.

王建, 2020. 茶蚕危害调查及防治效果试验 [J]. 现代农村科技 (01): 75-76.

王郡军, 彭九生, 2011. 江西油茶蓝翅天牛生物学特征及其生态控制技术 [J]. 林业实用技术 (06): 41-43.

王淑霞, 孙永岭, 2008. 红展足蛾属 Oedematopoda Zeller 二新种记述 (鳞翅目: 织蛾科: 展足蛾亚科) [J]. 昆虫分类学报 (01): 36-38.

王志博, 肖强, 2019. 茶树甬道的开掘者——茶天牛 [J]. 中国茶叶, 41(07): 12-14.

王志博, 周孝贵, 张欣欣, 等, 2020. 浙江茶园尺蠖新成员——大造桥虫 [J]. 中国茶叶, 42(11): 14-17.

吴瑾, 范颖博, 2020. 金龟子类林木害虫的发生与防治 [J]. 现代农村科技 (09): 38.

吴涛, 2008. 江西油茶主要病虫害及其防治技术 [J]. 现代农业科技 (03): 92-93.

韦世栋, 2021. 油茶重要病虫害及其综合防治措施 [J]. 南方农业, 15(18): 53-54.

肖惠华, 李密, 程韬略, 等, 2016. 广西灰象生物学特性及防治技术研究 [J]. 湖南林业科技, 43(04): 50-53+60.

萧刚柔, 李镇宇, 2021. 中国森林昆虫 (第三版) [M]. 北京: 中国林业出版社.

徐华林, 刘赞锋, 包强, 等, 2013. 八点广翅蜡蝉对深圳福田红树林的危害及防治 [J]. 广东林业科技, 29(05): 26-30.

徐庆宣, 王甦, 郭晓军, 等, 2020. 桃园茶翅蝽的发生危害与防治研究进展 [J]. 环境昆虫学报, 42(04): 877-883.

徐小平, 何永梅, 李友志, 等, 2021. 湘北地区有机菜豆主要病虫害综合防治技术 [J]. 科学种养 (05): 41-44.

徐志鸿, 2016. 白囊蓑蛾防治技术 [J]. 农家致富 (19): 32-33.

严军, 2018. 茶小卷叶蛾防治效果试验 [J]. 现代农村科技 (02): 78.

颜权, 杨卫星, 邓艳, 等, 2013. 广西油茶病虫害调查初报及防控建议 [J]. 植物保护, 39(02): 170-173.

余英才, 2019. 宿松地区油茶煤污病的发生及防治[J]. 农业灾害研究, 9(02): 17-18.

喻锦秀, 2019. 油茶炭疽病生物防治途径探讨[D]. 长沙: 湖南农业大学.

喻锦秀, 何振, 李密, 等, 2019. 油茶炭疽病拮抗细菌P-14的拮抗物质分析[J]. 林业科学研究, 32(01): 118-124.

喻锦秀, 聂云安, 周刚, 等, 2014. 湖南省油茶主要病害发生规律研究[J]. 湖南林业科技, 41(01): 94-97.

张汉鹄, 谭济才, 2004. 中国茶树害虫及其无公害治理[M]. 合肥: 安徽科学技术出版社.

张灵玲, 关雄, 2004. 茶长卷叶蛾的生物学特性及其防治[J]. 中国茶叶(05): 4-5.

张新, 孙晓玲, 肖强, 2018. 茶园白色污染制造者——碧蛾蜡蝉和青蛾蜡蝉[J]. 中国茶叶, 40(12): 12-13.

赵丹阳, 秦长生, 2015. 油茶病虫害诊断与防治原色生态图谱[M]. 广州: 广东科技出版社.

赵丹阳, 秦长生, 徐金柱, 等, 2015. 油茶象甲形态特征及生物学特性研究[J]. 环境昆虫学报, 37(03): 681-684.

赵莹婕, 2020. 茶园中的"白娘子"——茶白毒蛾[J]. 中国茶叶, 42(10): 6-8+13.

郑霞林, 郭建, 2010. 茶黄毒蛾的为害情况及综合防控技术[J]. 科学种养(03): 31.

周孝贵, 郭华伟, 肖强, 2020. 会"包粽子"的茶树害虫——茶细蛾[J]. 中国茶叶, 42(07): 16-19+22.

周孝贵, 肖强, 2019. 钻在袋子里的茶园害虫——茶蓑蛾和茶褐蓑蛾[J]. 中国茶叶, 41(08): 12-13+23.

周孝贵, 肖强, 余玉庚, 等, 2018. 茶树叶片"千疮百孔"之元凶——黑足角胸肖叶甲和毛股沟臀肖叶甲[J]. 中国茶叶, 40(10): 10-12.

朱峰, 曾天武, 彭巍巍, 等, 2018. 赣北地区油茶主要病虫害及其防治措施[J]. 现代农业科技(02): 129-131.

庄瑞林, 2008. 中国油茶(第二版)[M]. 北京: 中国林业出版社.

附 录

附录一 中文名索引

附录二 拉丁名索引

附录三　油茶害虫种类检索表

油茶害虫种类检索表

（根据危害虫态及危害状）

幼虫体圆筒形，头黑色，体深绿色或蓝灰色，多褶皱，体长20～22mm……油茶叶蜂 *Caliron camellia*

15. 多鳖甲状，体宽扁，分节不明显，多具有毒枝刺。胸足小，不分节，腹足退化呈"吸盘状"，行
    动滞缓（刺蛾科 Eucleidae）…………………………………………………………………16

16. 体光滑，无刺枝……………………………………………………………………………………17
    体具刺枝……………………………………………………………………………………………18

17. 体椭圆肥厚，乳白色，稍带蓝绿荧光，胶质微透明 ……………… 白痣姹刺蛾 *Chalcocelis albiguttata*

18. 体黄绿至灰绿，前部背中有一紫红色角突前倾，明显。其前和腹背各有一紫红色斑。体侧沿气门
    线有一列红点。各节有2对刺突，侧缘1对大而明显。成长幼虫体长30～35mm ……………………
    ………………………………………………………………………… 油茶刺蛾 *Iragoides fasciata*
    体背无角突……………………………………………………………………………………………19

19. 体绿色，体末有4个黑色绒球，后胸背1对刺突红色，较大且多刺毛。其他刺突绿色，侧缘1对较
    大。成长幼虫体长25～28mm …………………………………………… 丽绿刺蛾 *Parasa lepida*
    体绿或黄色，体末无黑色绒球，背线灰白，背侧有两个红斑，明显。成长幼虫体长21～26mm ……
    ………………………………………………………………………………… 扁刺蛾 *Thosea sinensis*

20. 体光滑，无疣突、刺突等明显外长物……………………………………………………………21
    体具毛疣，刺突、管状刺等外长物………………………………………………………………22

21. 幼虫抱合群集，红褐至棕黄褐色，体肥而柔软，前段较细。各节具灰白质黄色纵纹和横纹，形成
    许多方格。各节气门线上有一黑色圆斑。成长幼虫体长约35mm …………… 茶蚕 *Andraca bipunctata*
    不群集，体色多变，土黄、黄绿、墨绿、暗褐、黑色不一，均散生黑、白斑点。各节背侧有
    1对近半月形黑斑，以第1、7、8腹节的最大。中、后胸黑斑外侧有白色小斑。成长幼虫体长
    24～28mm ………………………………………………………………… 斜纹夜蛾 *Prodenia litura*

22. 体具毛疣，疣突上簇生毛。首尾长毛束向前后斜伸，第6～7腹节背中有淡色乳头状或脐状翻缩腺
    （毒蛾科 Lymantriidae）…………………………………………………………………………23
    体具枝刺或管状突……………………………………………………………………………………25

23. 体黄褐或褐色，腹背无刷状长毛束毛疣小，疏生白色长毛和黑白短毛。头赤褐或红色，体色茶褐
    多变，腹面带紫色。成长幼虫体长25～30mm ………………………… 茶白毒蛾 *Arctornis alba*
    毛疣黑色明显，多黑毛，体黄至黄褐色……………………………………………………………24

24. 头黄褐，体黄至黄褐色，侧背线白色，体背多黑色毛疣，各体节毛疣以背侧1对最明显，并簇生
    黑色短毛与黄白长毛。其中第1～2腹节的一对大而相互紧靠。体侧气门上方有一黄白纵线。成长
    幼虫体长20～26mm ………………………………………… 茶黄毒蛾 *Euproctis pseudoconspersa*

25. 体具管状突，亦具毛疣。且多长毛簇。头较前胸窄，前胸背有1～2个管状突。头赤褐有纵斑。体
    灰褐，有不规则黑褐斑，中、后胸背有赤褐色毒毛带。第2～8腹节背侧"八"字形毛簇1对，毛
    簇上半灰白，下半蓝黑。成长幼虫体长80～85mm ………………… 油茶枯叶蛾 *Lebeda nobilis*

26. 幼虫不具袋囊，藏于叶苞或网巢内………………………………………………………………27
    幼虫具袋囊藏匿，活动取食时头、胸伸出，负囊爬行。体色较单一，乳白至褐色。头、胸及胸足
    发达，前胸气门大而横置，腹足5对，趾钩单序缺环（蓑蛾科）………………………………33

27. 幼虫在叶苞内，虫苞为新生叶单叶苞……………………………………………………………28
    虫苞复叶……………………………………………………………………………………………29

28. 幼叶自叶尖左右对折粘缀，甚至全叶呈饺状。幼虫淡黄绿至绿色，食叶肉残留下表皮 1 龄幼虫芽梢新成叶背折成棕状三角苞。虫体乳白半透明，体背透见深绿或紫褐色消化道，成长体长 7～10mm。一苞有虫 1～3 头，蚕食叶缘，虫粪聚集苞内 ·············· **茶细蛾 *Caloptilia theivora***

29. 虫苞 2～3 叶叠缀，或同一芽梢树叶卷缀，匿居食肉叶，残留一层表皮，干枯透明。幼虫第 8 腹节气门较大且高，趾钩单序或双序全环，臀板具臀栉（卷叶蛾科）·············· 30

30. 虫苞多为 2 叶 ·············· 31
　　虫苞多叶乃至整个芽梢卷缀 ·············· 32

31. 幼虫头橙黄，体淡黄绿至鲜绿色，前胸背板浅黄褐色，幼虫体长 16～20mm，成虫前翅具明显向后分叉呈 "H" 形图案 ·············· **茶小卷叶蛾 *Archips orana***
　　幼虫头红色，体黑褐或灰褐色，前胸背板暗红色，幼虫体长 10～12mm；成虫泛紫色光 ·············· **紫彩卜小卷蛾 *Podognatha purprira***
　　幼虫头橙黄，体黑褐色，具有白色小点，体长 8～10mm ·············· **榆花翅小卷蛾 *Lobesia aelopa***

32. 幼虫头褐色，体黄绿，前胸盾板半月形，棕褐色，后缘深褐，两侧下各有 2 褐色角质点。幼虫体长 20～26mm ·············· **油茶小卷蛾 *Gatesclarkeana idia***
　　幼虫头黑，体灰绿至黄绿，前胸半月形盾板黑而有光泽，两侧下各有 2 黑色角质点。成长幼虫体长 20～27mm ·············· **茶长卷叶蛾 *Homona magnanima***
　　幼虫头淡黄色，体黄绿色，前胸两个半圆形盾板分开，全身具有毛状丝状物，幼虫体长 20～26mm ·············· **马水齿卷蛾 *Ulodemis mashuiensis***

33. 袋囊纯系丝质，无枝叶附着 ·············· 34
　　袋囊外附着有枝梗、叶片或其碎屑 ·············· 35

34. 袋囊白至灰白，细纺锤形，丝质柔密。成囊长 30～40mm，幼虫头褐色，有黑点纹。体淡灰黄，多暗褐色纹，中、后胸背板各分为两块，并有深色点纹 ·············· **白囊蓑蛾 *Chaliaides kondonis***

35. 袋囊外满布断截枝梗，并列整齐 ·············· 36
　　袋囊外附着碎叶片或叶末 ·············· 38

36. 袋囊纺锤形，囊外小枝梗纵向并列，成囊长 25～30mm。幼虫头黄褐，两侧具黑褐色并列纵纹。体肉黄至肉红色，胸背各节有 4 个黄褐色斑，腹部各节有 4 个黑点突，"八" 字形排列，成长幼虫体长 15～28mm ·············· **茶蓑蛾 *Chaliaides minuscula***
　　袋囊外破碎叶片大而明显 ·············· 37

37. 袋囊大而粗松，丝质柔软，多大型破碎叶片，叶端悬离，重叠作松散鳞状。成囊长 32～53mm。幼虫头褐，两侧较暗，散生褐斑纹，横向中部色淡。胸背淡黄，两节背侧具 2 黑斑。腹部黄褐，臀板黄色。成长幼虫体长 18～25mm ·············· **茶褐蓑蛾 *Mahasena colona***

38. 袋囊纺锤形，大而紧实，丝层坚硬，附着破叶大而凌乱，且常混有少量较长枝梗，成囊长 40～50mm。雌幼虫头赤褐，胸背灰黄褐，背线黄，两侧各有一赤褐斑纹。腹部黑褐或灰褐，有光泽，多横皱。雄幼虫头黄褐，中央有一 "人" 字形白纹。成长幼虫体长 17～28mm ·············· **大蓑蛾 *Chaliaides variegata***

39. 头或长或短前伸成头喙，触角膝状，端部膨大。多自叶缘食成弧缺（象甲科）·············· 41
　　头不前伸成头喙，触角线状，食叶成筛孔状（叶甲科）·············· 44

40. 体黑色，密被绿、黄绿等有色鳞片，有光泽⋯⋯⋯⋯⋯⋯⋯⋯⋯⋯⋯⋯⋯⋯⋯⋯42

　　　体表不如上述，灰褐，黄褐，无光泽⋯⋯⋯⋯⋯⋯⋯⋯⋯⋯⋯⋯⋯⋯⋯⋯⋯43

41. 头喙背有深宽中沟，两侧有浅沟。触角柄节不超过复眼。前胸梯形，长大于宽，有中沟，鞘翅卵

　　　锥状，前宽向后尖削。鳞片有时棕色或杂以橙色。体长15～18mm

　　　⋯⋯⋯⋯⋯⋯⋯⋯⋯⋯⋯⋯⋯⋯⋯⋯⋯⋯⋯**绿鳞象甲 *Hypomeces squamosus***

　　　头喙背无纵沟，触角柄节超过复眼。前胸宽大于长。鞘翅黄绿色鳞片呈断截纵条带，中间呈现一

　　　褐色横带，体长6～7mm⋯⋯⋯⋯⋯⋯⋯⋯⋯**茶丽纹象甲 *Myllocerinus aurolineatus***

42. 体暗褐，密被灰白至黄褐色鳞片。头喙较长。前胸背中有1黑褐色纵带，两侧灰暗。鞘翅上2黑

　　　褐色横带。体长9～13mm⋯⋯⋯⋯⋯⋯⋯⋯⋯⋯**广西灰象 *Sympiezomias citri***

43. 体长圆，棕黄色。前胸背刻点大而密，侧后缘呈角突。鞘翅刻点小。各足腿节、胫端及第1～2跗

　　　节黑褐，余皆黄褐色，体长3.2～3.8mm⋯⋯⋯⋯⋯**茶角胸叶甲 *Basilepta melanopus***

　　　体宽圆，绿或锭蓝色，具金属光泽，腹面黑褐。体背刻点稀小，鞘翅基宽于前胸，翅端钝圆。体

　　　长4.8～6.0mm ⋯⋯⋯⋯⋯⋯⋯⋯⋯⋯⋯⋯**刺股沟臀叶甲 *Colaspoides opaca***

44. 虫体固定不动，被蜡或具介壳⋯⋯⋯⋯⋯⋯⋯⋯⋯⋯⋯⋯⋯⋯⋯⋯⋯⋯⋯⋯53

　　　虫体活动自如⋯⋯⋯⋯⋯⋯⋯⋯⋯⋯⋯⋯⋯⋯⋯⋯⋯⋯⋯⋯⋯⋯⋯⋯⋯46

45. 喙起于头前，体扁平。触角线状。前翅半鞘翅，或网状透明（半翅目）⋯⋯⋯⋯⋯⋯47

　　　喙起于头下后方。前翅同质或无翅（半翅目）⋯⋯⋯⋯⋯⋯⋯⋯⋯⋯⋯⋯⋯48

46. 成虫椭圆，绿色，长5.0～5.5mm。复眼黑色。前胸多刻点，鳞片色淡。足股节具2端刺，胫节多

　　　黑刺，跗末节黑色。若虫黄绿。芽受刺害呈现许多红点，进而变褐，叶穿孔破烂，重则芽头无法

　　　萌发⋯⋯⋯⋯⋯⋯⋯⋯⋯⋯⋯⋯⋯⋯⋯⋯⋯⋯⋯⋯⋯**绿盲蝽 *Lygus lucorum***

47. 喙起于头基，多具翅且翅脉发达。前翅有爪片。后足跗节3节以上⋯⋯⋯⋯⋯⋯⋯49

　　　喙发自前足基间，有翅或无翅，4翅透明。腹末具尾片及1对腹管，跗2节（蚜虫科）。具翅成

　　　蚜体长约2mm，黑褐色。前翅中脉2叉。无翅蚜棕褐，密布淡黄横网纹。触角第3节无感觉圈。

　　　聚集芽梢嫩叶背面危害⋯⋯⋯⋯⋯⋯⋯⋯⋯⋯⋯⋯⋯**茶蚜 *Toxoptera aurantii***

48. 前翅广阔，前缘区宽，多横脉，头窄于前胸。前翅爪片有颗粒，前缘横脉常分叉（蛾蜡蝉科）⋯50

　　　前翅较狭，前缘区窄，横脉少或无⋯⋯⋯⋯⋯⋯⋯⋯⋯⋯⋯⋯⋯⋯⋯⋯⋯⋯52

49. 前翅桨状，臀角延成锐角⋯⋯⋯⋯⋯⋯⋯⋯⋯⋯⋯⋯⋯⋯⋯⋯⋯⋯⋯⋯⋯⋯51

　　　前翅近长方，臀角近于直角。体绿色。单眼黄，前中胸有2淡褐色纵纹，中胸且具3条纵脊。前

　　　翅具红褐色细纹。若虫多白色蜡絮，腹末有1束长白蜡丝⋯⋯**碧蛾蜡蝉 *Geisha distinctissima***

50. 体较大，体多黄白色，背白粉。头圆突，中胸背板有3条隆脊。前翅粉白，略带紫红，近后缘

　　　中部有1白斑。若虫背满白蜡粉，腹末蜡丝束粗长⋯⋯⋯⋯**青蛾蜡蝉 *Salurnis marginella***

51. 体淡绿，前胸背及小盾片淡鲜绿，连同头部常具白斑点。前翅微黄绿稍透明，周缘具淡色细边。

　　　后翅透明具珍珠折光。足胫端有跗节淡青绿色，爪褐色 ⋯⋯⋯**小绿叶蝉 *Empoasca flavescena***

　　　体黄绿色。头冠中有2绿色小斑点，头前假单眼周围具绿色圈。头、胸仅小盾片有白纹。前翅微

　　　黄，前缘基部绿色，翅端透明带烟灰色。足胫节端部及跗节绿色⋯⋯⋯**假眼小绿叶蝉 *Empoasca vitis***

52. 体长1mm左右，卵圆扁平，定居叶背，跗节两节，端具2爪。雌雄成虫均居4翅。羽化留下蛹壳

　　　末端有管状孔，孔内有盖瓣和舌片，并在胸、腹间形成到"T"字形裂口（粉虱科）⋯⋯⋯⋯55

53. 体型与定居部位各类不一。足跗节 1 节，端具 1 爪。雌成虫无翅，雄成虫只 1 对翅（蚧总科）……56

54. 蛹壳多刺，头胸背盘区具刺 9 对，腹部 10 对，周缘亚缘区 10～11 对。管状孔卵圆，盖瓣遮盖 2/3，
　　孔侧及体末各有 1 对长刺 ……………………………………………… 黑刺粉虱 *Aleurocanthus spiniferus*

55. 介壳蜡黄，长 3.5～4.0mm，前稍狭后端略宽圆，背中略凸，周缘较薄稍翘。背线肉白色，后方有
　　1 近方形肉白色斑并渐大近体长之半。腹末白色卵囊高 …………………… 油茶盾蚧 *Insulaspis camelliae*
　　雌介壳蚌圆形，长 2～3mm，暗褐色，周缘灰褐。壳点黄褐，偏于一侧。雄介壳长椭圆，长约
　　1.7mm，褐色，壳点黄褐，位于头端 …………………………………… 油茶刺棉蚧 *Metaceronema japonica*

56. 在杆、根、花、果外部危害 ……………………………………………………………………………………58
　　在杆、根、花、果内部危害 ……………………………………………………………………………………66

57. 危害杆部 ……59
　　危害其他部位 ……………………………………………………………………………………………………67

58. 危害杆部皮层或同时啃食枝干 …………………………………………………………………………………60
　　危害芽梢或幼苗嫩茎 ……………………………………………………………………………………………63

59. 只咀食杆皮 ………………………………………………………………………………………………………62
　　啃食枝干及皮层，主干被剥食光滑或食成蜂窝状。主干外有泥被通道，道内虫体多，似蚁，乳白
　　色，头圆大，口器上颚发达前伸，触角念珠状（等翅目）………………………………………………61

60. 兵蚁体长 5.5～6.0mm，淡黄白色。头暗黄，口器左上颚中部 1 齿大而前伸，右上颚同处 1 齿微小。
　　前胸背板窄而斜翘 ………………………………………………… 黑翅土白蚁 *odontotermes formaosanus*
　　兵蚁分大兵和小兵。大兵体长 10～11mm，淡黄色。头特大，暗黄，近长方形。小兵体长
　　6.8～7.0mm，头卵圆，黄褐色。上颚均无显著小齿，小兵上颚较细直 …………………………………
　　……………………………………………………………………… 黄翅大白蚁 *Macrotermes barneyi*

61. 鳞翅类昆虫。幼虫头黑色，体灰褐色，体长 10～12mm。可在油茶主干上利用自己排泄物形成类
　　似白蚁活动的泥状通道 …………………………………………………… 小白巢蛾 *Thecobathra sororiata*

62. 嫩茎切断 ……65

63. 新梢嫩杆被切断。鞘翅目成虫，体铜色或铜紫色，体背密布黑色粗硬的长竖毛，成虫体长
　　5.7～8mm ………………………………………………………………… 银纹毛叶甲 *Trichochrysea japana*

64. 虫体属蛾类幼虫，土栖。体绿褐或暗褐色，体表光滑，有粒突，体末臀板有 2 条深褐色纵带。成
　　长幼虫体长 38～50mm ……………………………………………………… 小地老虎 *Agrotis ypsilon*

65. 咀害根部 ……67
　　危害茶仁 ……68

66. 成长幼虫长 29～33mm，头黄褐，体乳黄白色。肛门横裂，肛中央有 2 列肛门，14～15 对队列整齐
　　………………………………………………………………………… 斑喙丽金龟 *Adoretus ternuimaculatus*
　　虫体为大蟋蟀型。成虫体长 30～40mm，暗黑褐色。头大，复眼黑色，单眼横列。前胸背中有 1 纵
　　线，两侧有 1 对圆锥形黄斑。后足胫节内下方有 2 列粗刺，各 4～5 枚，端部黑色。雌产卵器短，
　　仅尾须长度之半 ………………………………………………………… 大蟋蟀 *Brachytrupes portentosus*

67. 成虫头喙插入茶果内咀食茶籽。触角膝状，端部棒状。体黑或微带酱红色。体长 7～11mm，头喙
　　细长弯曲。小盾片密覆白鳞。基部与近中部各有 1 白色鳞毛横带 ………… 茶籽象甲 *Curculio chinensis*

成虫刺吸危害油茶果实。成虫橙黄具金属光泽，长16～20mm，头与触角深蓝。前胸前缘两侧有1深蓝小斑。小盾片淡黄，前缘有1深蓝绿色大斑，与前胸后侧大蓝绿斑相连，中后部横列有4个深蓝色斑。若虫亦橙黄多蓝色斑具金属光泽······*油茶宽盾蝽 Poecilocoris latus*

附录四 主要有害生物防治历

1.油茶炭疽病

时间	病期	防治方法	要点说明
12月至翌年2月	潜伏期	修除病重的枝、梢部,并尽可能清除病果和病叶	郁闭度控制在0.7以下,增加通风透光条件,降低林分湿度
3~4月	发病初期	采用50%多菌灵500倍液或丙环唑(敌力特)喷施,做好预防	避免单施氮肥,注意增加磷肥和钾肥
5~9月	高峰期	初夏果实发病高峰期前10天开始喷施多菌灵、代森锰锌等杀菌剂	根据病情和天气情况,间隔10~15天再喷施一次
10~11月	感病期	修除病重的枝、梢部,采用50%多菌灵500倍液或丙环唑(敌力特)喷施,做好预防,喷施内吸性杀菌剂多菌灵等	郁闭度控制在0.7以下,增加通风透光条件,降低林分湿度;避免单施氮肥,注意增加磷肥和钾肥

2.油茶软腐病

时间	病期	防治方法	要点说明
12月至翌年2月	潜伏期	消灭越冬病原菌,减少侵染源,改造过密林分,适当整枝修剪	适当整枝修剪,清除感病树上的越冬病叶、病果、病梢等
3月	发病初期	做好监测	根据气象预报,做好监测预报
4~6月	发病高峰期	喷洒50%多菌灵可湿性粉剂300~500倍液、75%甲基托布津可湿性粉剂300~500倍液、1%波尔多液;做好监测	第一次喷药在春梢展叶后抓紧进行,如果病害严重,6月中旬再喷药一次
7~9月	扩散期	做好监测	根据发病特征及病害扩散特点,做好预防工作
10~11月	发病高峰期	消灭越冬病原菌,减少侵染源	适当整枝修剪,清除感病树上的越冬病叶、病果、病梢等。适时采取垦复、施肥、保水等措施,增强油茶长势,提高对病害的抵抗能力

3.油茶煤污病

时间	病期	防治方法	要点说明
12月至翌年3月	潜伏期	消灭越冬病原菌,减少侵染源	适当整枝修剪,清除感病树上的越冬病叶、病果、病梢等
3~6月	发病高峰期	做好监测 人工剪除受害严重的枝叶集中烧毁	此时病叶病果症状明显,根据症状划分轻、中、重度感病区域,为后期防治做好规划

（续）

时间	病期	防治方法	要点说明
3～6月		采用10%吡虫啉可湿性粉剂4000～5000倍液、50%辛硫磷乳油1000～2000倍液、2.5%溴氰菊酯乳油2000～3000倍液等进行喷雾	应先治虫，后治病，着力防治介壳虫、粉虱等诱病害虫
7～8月	扩散期	做好监测	根据发病特征及病害扩散特点，做好预防工作
9～11月	发病高峰期	夏季用45%晶体石硫合剂350倍液喷洒病株	
		适当整枝修剪，清除感病树上的越冬病叶	对郁闭度过大的林分适度修枝通风透光
		45%晶体石硫合剂100～200倍液喷洒病株	注意叶片全部喷湿喷透

4.茶籽象甲

时间	虫态	防治方法	要点说明
12月至翌年4月	土中幼虫、蛹、成虫	结合油茶林垦覆，消灭幼虫和蛹	垦复主要消灭土中幼虫、蛹、成虫。翻耕深度5cm左右
5～7月	树上成虫，果中卵、幼虫。土中幼虫	施放清源保（0.6%苦参碱）水剂600～800喷雾	白僵菌在5～6月湿度大的天气施放
		用5%吡虫啉乳油1000倍液，或绿色威雷200～300倍液，或90%敌百虫晶体1000倍液等喷雾	发生严重的油茶林，在成虫羽化高峰期前喷药。每隔半月喷1次。共喷2～3次
		成虫盛发期利用其假死性，振落捕杀；结合林间养鸡啄食成虫、幼虫	清晨露水未干时，轻击树枝捕杀落地假死成虫。喷化学农药的油茶林暂时不宜养鸡
		在油茶林中每2000m²设置一处食醋或糖醋诱杀盆，或种植金银花、白背桐诱杀成虫	
8～9月	树上成虫，果中卵、幼虫，土中幼虫、蛹、成虫	每3～5天收集落果，集中烧毁	亦可将落果放入天敌保护器中，待天敌羽化后处理落果
		利用成虫假死性，振落捕杀；或结合养鸡啄食成虫、幼虫	
10～12月	果中幼虫，土中幼虫、成虫	在不影响出油率的前提下，适当提早采收，以水泥硬质晒坪堆晒茶果，幼虫爬出茶果后不能入土，放鸡啄食	

5.茶角胸叶甲

时间	虫态	防治方法	要点说明
11月至翌年2月	土中幼虫	结合深垦，在土中拌入50%辛硫磷晶体	施菌应避开10～12月油茶花期
3～4月	土中幼虫、蛹（4月）	结合垦复，撒施40%辛硫磷500倍，或20%速灭杀丁2000倍液。	
5～6月	成虫	将涂有黏着剂的薄膜摊放在油茶树下，然后摇动树枝或用小竹竿轻敲树冠，成虫即掉落在薄膜上，再集中消灭	在成虫盛发期的早晚进行
		保护林间鸟类、蚂蚁、蜘蛛、步甲等捕食性天敌	
		用2%噻虫啉微胶囊悬浮剂2000倍液、4%联苯菊酯乳油3000倍液、2.5%高效氟氯氰菊酯乳油2000倍液等进行喷雾	在成虫盛发期施药
6～7月	卵	结合垦复，清除林地的枯枝落叶，消灭其中的成虫和卵	
8～11月	土中幼虫	结合垦复，清除林地的枯枝落叶	

6.茶黄毒蛾

时间	虫态	防治方法	要点说明
10月至翌年3月	卵	结合油茶果实采收，摘除卵块	卵块椭圆形，覆盖黄褐色厚厚的绒毛，一般产于油茶树冠中、下部或萌芽丛叶背
4～5月	幼虫	幼虫初龄期，将群集幼虫连枝剪下，集中消除	
		用2.5%溴氰菊酯或20%速灭杀丁超低容量或低量喷雾	幼虫盛发期进行
		每667m²用1.5亿～2万亿白僵菌孢子喷雾或含孢量100亿/g白僵菌原粉，1kg喷粉防治	白僵菌在湿度大的天气施放
6～7月	蛹、成虫、卵	盛蛹期进行中耕培土，在根际培土6cm以上，稍加压紧，防止成虫羽化出土	
		结合垦复，清除枯枝落叶，破坏蛹所处环境	
		利用性引诱剂，做成橡皮塞诱芯，悬挂于油茶林内，灭杀引诱成虫	
		在油茶林用频振式杀虫灯进行诱杀	
		人工摘除卵块	将卵块放入天敌保护器中，待天敌羽化后处理幼虫
7～9月	幼虫、蛹、成虫	保护天敌昆虫，并参照上述防治方法进行防治	

7. 油茶尺蠖

时间	虫态	防治方法	要点说明
5月至翌年1月	蛹	结合油茶林秋冬季垦复，同时进行培土，消灭土中蛹	
1～2月	蛹、成虫、卵、幼虫	油茶林间设置黑光灯或频振式杀虫灯，诱杀羽化成虫	诱集时间一般为19:00～23:00
		人工摘除卵块	卵块似红荷木树皮色泽，上覆盖着腹末脱下的鳞毛，一般分布于油茶枝条上
		初龄幼虫利用大尺蠖核心多角体病毒含量6亿/ml，或杀螟杆菌剂孢子含量10亿个/ml或白僵菌2万亿/667m²进行防治	白僵菌在湿度较大的天气施放
3～5月	幼虫	4～5龄幼虫可采用0.3%印楝素乳油1500倍液、1.8%阿维菌素乳油3000倍液、15%吡虫啉可湿性粉剂1500倍液低量喷雾进行防治	幼虫盛发期进行

8. 油茶织蛾

时间	虫态	防治方法	要点说明
10月至翌年3月	幼虫	剪除虫枝 大的枝条用脱脂棉蘸40%辛硫磷500倍液，塞进虫孔后用泥封住	油茶织蛾钻蛀危害，发生较为零星分散，在防治上应结合抚育管理，与防治其他害虫一起进行
4月	蛹	剪除虫枝	
5～6月	成虫、卵	虫口较大的油茶林，成虫羽化盛期点黑光灯诱杀	6月进行最为适宜
7～9月	幼虫	当叶片枯萎或呈古铜色的被害枝症状时，在最下1个排泄孔下方15cm处剪除被害枝	剪除的被害枝条一定要认真处理，可收集在寄生昆虫保护笼（室）内，将羽化出来的寄生蜂放回林间，或将虫枝集中烧毁 8月中下旬是剪梢适期，一次性剪梢，效果好，且省工。越早剪除被害枝条越好，对健康枝损失越小

9. 黑跗眼天牛

时间	虫态	防治方法	要点说明
8月至翌年2月	幼虫	加强对油茶林抚育管理，适当及时剪除被害枝，促进林木健康生长	不宜大量剪除侧枝，以免影响树势
		用镊子夹住一个棉球，将棉球浸入50%辛硫磷500倍药液内，待棉球吸足药液后，将带药棉球塞入虫洞。可杀死幼虫	用湿泥把虫洞填满，最后把洞口外的湿泥抹平

（续）

时间	虫态	防治方法	要点说明
3～5月	幼虫、蛹	用针筒将50%辛硫磷500倍液注射入新鲜排粪孔。再用胶带环绕一周	
5～7月	成虫、卵、幼虫	人工铲除产卵痕和初孵幼虫	
		成虫盛发期，于晴天早晚和阴天进行捕杀。成虫灯光诱杀	5月实施

10.广西灰象和柑橘斜脊象

时间	虫态	防治方法	要点说明
11月至翌年3月	蛹、成虫	结合春季垦复，铲除土中蛹	翻耕深度10cm左右
		用胶环包扎树干，或将胶直接涂在树干上，防止成虫上树，并逐日将诱集在胶带上的成虫消灭	胶环配料：蓖麻油2kg，松香3kg，黄蜡50g，先将油加温到120℃左右，将磨碎的松香徐徐加入，边加边搅，至完全溶化，最后加入黄蜡搅拌，冷却即成
3～5月	成虫	将涂有黏着剂的薄膜摊放在油茶树下，然后摇动树枝或用小竹竿轻敲树冠，成虫即掉落在薄膜上，再集中消灭	
		用青草或菜叶切碎后加90%敌百虫拌匀，选无风的晴天清晨撒于田间地面上，或堆成小堆加以诱杀	成虫盛发期进行
		用2.5%高效氟氯氰菊酯乳油2000倍液，或2.5%高效氟氯氰菊酯乳油和2.2%甲维盐乳油混合剂3000倍液等进行喷雾	成虫盛发期进行
5～7月	卵、成虫	人工摘除卵块	
		此时成虫数量较小，人工捕杀	
		用3%辛硫磷颗粒剂4kg/hm^{2}配置成毒土，施撒于油茶幼林内，进行防治	5月底、6月初实施
8～10月	幼虫	结合秋季深垦，铲除土壤中幼虫	

附录五　油茶主要天敌资源名录

种类及分类地位	捕食或寄生对象
膜翅目 Hymenoptera	
姬蜂科 Ichneumonidae	
（1）蓑蛾瘤姬蜂 Sericopimpla sagrae sauteri Cusbmam	大蓑蛾、茶蓑蛾、茶褐蓑蛾
（2）松毛虫黑点瘤姬蜂 Xanthopimpla pedator Fabricius	油茶枯叶蛾
（3）黄足长尾姬蜂 Acroroicnus ambulatory Smith	尺蛾及卷叶蛾
（4）长尾姬蜂 A. sp.	不详
（5）茶毛虫细腭姬蜂 Enicospilus pseudoconspersae（Sonan）	茶黄毒蛾蛹
姬小蜂科 Eulophidae	
（6）羽角姬小蜂 Sympiesis sp.	油茶堆砂蛀蛾幼虫
茧蜂科 Braconidae	
（7）茶白毒蛾茧蜂 Bracon sp.	茶白毒蛾、茶点足毒蛾
（8）油茶斑蛾绒茧蜂 Apanteles lamborni Wilkinson	油茶斑蛾
（9）茶毛虫绒茧蜂 A.conspersae Fiske	茶黄毒蛾、茶小卷叶蛾
（10）尺蠖绒茧蜂 A. sp.	亚樟翠尺蛾
（11）刺蛾绒茧蜂 A. sp.	茶角刺蛾
（12）茶细蛾绒茧蜂 A. theivorae Shenefelt	茶细蛾
（13）三化螟绒茧蜂 A. schoenobii Wilkinson	茶细蛾、茶斑蛾
（14）螟虫长体茧蜂 Macrocentrus linearis（Nees）	油茶织蛾幼虫
蚜茧蜂科 Aphidiidae	
（15）蚜茧蜂 Aphidius sp.	茶蚜、橘蚜
赤眼蜂科 Trichogrammatidae	
（16）拟澳洲赤眼蜂 Trichogramma confusum Viggiani	茶白毒蛾、茶点足毒蛾、油茶枯叶蛾
（17）松毛虫赤眼蜂 T. dentrollimi Matsumura	茶长卷叶蛾、茶细蛾
小蜂科 Chalcididae	
（18）广大腿小蜂 Brachymeria lasus（Walker）	桃蛀螟、卷叶蛾、毒蛾的蛹
跳小蜂科 Encyrtidae	
（19）舞毒蛾卵平腹小蜂 Anastatus japonicus Ashmead	油茶枯叶蛾卵
（20）白跗平腹小蜂 Pseudanastatus albitarsis Ashmead	油茶枯叶蛾卵
缘腹卵蜂科 Scelionidae	
（21）油茶枯叶蛾黑卵蜂 Telenomus lebedae Chen et Tong	油茶枯叶蛾卵
（22）茶毛虫黑卵蜂 T. euproctidis Wilcox	茶黄毒蛾、豆盗毒蛾卵
胡蜂科 Vespidae	

（续）

种类及分类地位	捕食或寄生对象
（23）中华马蜂 *Polistes chinensis* F.	毒蛾、尺蛾幼虫
（24）家马蜂 *P. jadwigae* Dalla	毒蛾、尺蛾幼虫
螳螂目 Mantodea	
螳螂科 Mantidae	
（25）广腹螳螂 *Hierodura patellifera* Serville	蚧、叶蝉、尺蛾等
（26）丽眼螳螂 *Creodroter gemmatus*（Stoll）	蚜虫、叶蝉和鳞翅目幼龄幼虫
（27）中华螳螂 *Tenodera sinensis*（Saussure）	油茶叶蜂、鳞翅目幼虫
双翅目 Diptera	
食蚜蝇科 Syrphidae	
（28）黑带食蚜蝇 *Epistrophe balteata* DeGeer	各种蚜虫
（29）细带食蚜蝇 *E. cinctella* Zet	茶蚜、橘蚜
（30）大灰食蚜蝇 *Syrphus corollae* F.	茶蚜
眼蝇科 Conopidae	
（31）芒眼蝇 *Physocephala* sp.	卷蛾类幼虫
寄蝇科 Tachinidae	
（32）黑须刺蛾寄蝇 *Chaetexorista atripalpis* Shima	褐刺蛾
（33）松毛虫狭颊寄蝇 *Carcelia rasella* Baranov	油茶斑蛾
（34）蚕饰腹寄蝇 *Blepharipa zebina*（Walker）	扁刺蛾
（35）红尾追寄蝇 *Exorista xanthaspis* Wiedemann	油茶枯叶蛾和大蓑蛾幼虫
（36）日本追寄蝇 *E. japonica*（Townsend）	茶黄毒蛾、折带黄毒蛾幼虫
（37）毛虫追寄蝇 *E. rossica* Mesnil	茶褐蓑蛾
（38）四斑尼尔寄蝇 *Nealsomyia rufella*（Bezzi）	大蓑蛾、茶蓑蛾、茶褐蓑蛾
食虫虻科 Asilidae	
（39）虎斑食虫虻 *Astochia virgatipes* Coquillett	茶小卷叶蛾、油茶小卷蛾
（40）中华食虫虻 *Ommatius chinensis* F.	茶小卷叶蛾、亚樟翠尺蛾
鞘翅目 Coleoptera	
步甲科 Carabidea	
（41）赤胸步甲 *Dolichus halensis* Schal	鳞翅目卵及初龄幼虫
（42）大黄缘青步甲 *Chlaenius posticalis* Motschulsky	蝼蛄、叶甲等多种害虫
（43）条细胫步甲 *Agonum daimio* Bates	鳞翅目幼虫及蛹
（44）广屁步甲 *Pheropsophus occipitalis*（MccLeay）	小型昆虫
（45）毛列步甲 *Trichotichnus kantoonus* Hobu	茶角胸叶甲等小型昆虫
（46）大气步甲 *Brachinus scotomedes* Redtenbacher	小型昆虫
（47）黑步甲 *Synuchus atricolor* Bates	茶角胸叶甲的卵及幼虫

（续）

种类及分类地位	捕食或寄生对象
（48）黄斑青步甲 *Chlaenius micans* Fabricius	小型昆虫
虎甲科 Cicindelidae	
（49）中华虎甲 *Cicindela chinenesis* Degeer	小型昆虫
（50）星斑虎甲 *C. raleea* Bates	小型昆虫
隐翅虫科 Staphylinidae	
（51）青翅隐翅虫 *Paederus fuscipes* Curtir	小型昆虫
瓢甲科 Coccinellidae	
（52）红点唇瓢虫 *Chilocorus kuwanae* Silvestri	日本龟蜡蚧等蚧类害虫
（53）黑缘红瓢虫 *C. rubidus* Hope	蚧类、粉虱类害虫
（54）红褐唇瓢虫 *C. politus* Mulsant	蚜类、蚧类
（55）四斑月瓢虫 *Chilomenes quadriplagiata*（Swartz）	蚜虫
（56）黄斑盘瓢虫 *Coelophora saucia* Mulsant	蚜虫、鳞翅目害虫的卵
（57）六斑月瓢虫 *Menochilus sexmaculata*（Fabriciys）	蚜虫
（58）异色瓢虫 *Harmonia axyridis* Faldermann	蚜虫
（59）六斑异瓢虫 *Aiolocaria hexaspilota*（Hope）	蚜虫、牡蛎蚧
（60）龟纹瓢虫 *Propylaea japonica*（Thunberg）	多种蚜虫、粉虱等
（61）七星瓢虫 *Coccinella septempunctata* Linnaeus	多种蚜虫、小卷叶蛾的卵及初孵幼虫
脉翅目 Neuroptera	
草蛉科 Chrysopidae	
（62）大草蛉 *Chrysopa septempunctata* Wesmael	蚜虫、鳞翅目害虫的卵及初孵幼虫
（63）中华草蛉 *C. sinica* Tjeder	蚜虫、蚧类、粉虱等
革翅目 Dermaptera	
肥螋科 Anisolabidea	
（64）白肥螋 *Anisolabis* sp.	茶角胸叶甲幼虫、蛹
半翅目 Hemiptera	
蝽科 Pentatomidae	
（65）红足肉食蝽 *Pinthaeus sanguinipes* F.	茶黄毒蛾、茶刺蛾幼虫
（66）厉蝽 *Cantheconidea concinna*（Walker）	茶刺蛾幼虫、油茶尺蠖幼虫
（67）益蝽 *Picromerus lewisi* Scott	茶黄毒蛾、茶刺蛾幼虫
（68）叉角厉蝽 *Cantheconidae furcellata*（Walff）	多种鳞翅目幼虫
猎蝽科 Reduviidae	
（69）赤缘猎蝽 *Rhynocoris ornatus* Whler	鳞翅目幼虫
（70）六刺素猎蝽 *Epidaus sexspinus* Hsiao	鳞翅目幼虫
（71）艳红猎蝽 *Cydnocoris russatus* Stal.	不详

（续）

种类及分类地位	捕食或寄生对象
（72）污黑盗猎蝽 *Pirates turpis* Walker	鳞翅目幼虫
（73）彩纹猎蝽 *Euagoras plagiatus*（Burmeister）	鳞翅目幼虫
（74）白纹猎蝽 *Rhynocoris leucosplus sibircus* Jakovler	鳞翅目幼虫
（75）环斑猛猎蝽 *Sphedanolestes impressicollis* Stal.	鳞翅目幼虫
（76）黄足猎蝽 *Sirthenea flavipes*（Stal.）	鳞翅目幼虫
（77）黑环赤猎蝽 *Haematoloecha rubescens* Distant	鳞翅目幼虫
姬猎蝽科 Nabidae	
（78）小姬猎蝽 *Nabis mimoferus* Hsiao	卷蛾类幼虫、茶细蛾幼虫
蜘蛛目 Araneida	
园蛛科 Araneidae	
（79）黄斑园蛛 *Araneus ejusmodi* Boes. et Str.	小型昆虫
（80）大腹园蛛 *A. ventricosus*（L. Kock）	小型昆虫
（81）叶斑园蛛 *A. sia* Strand	小型昆虫
（82）交迭园蛛 *A. alternidens* Schenkel	小型昆虫
（83）四突艾蛛 *Cyclosa sedeculata* Karsch	小型昆虫
（84）园腹艾蛛 *C. vallata* Keyserling	小型昆虫
（85）黑斑亮腹蛛 *Singa hamata*（Clerek）	小型昆虫
（86）茶色新园蛛 *Neoscona theisi* Walckenaer	小型昆虫，包括叶甲类害虫
肖蛸科 Tetragnathidae	
（87）肩斑银鳞蛛 *Leucauge blanda*（L.Kock）	小型昆虫
（88）夹尾肖蛸 *Tetragnatha caudicula*（Karsch）	小型昆虫
（89）锥腹肖蛸 *T. maxillosa* Thorell	小型昆虫
（90）条纹高腹蛛 *Tylorida striata*（Thorell）	小型昆虫
球腹蛛科 Theridiidae	
（91）八斑球腹蛛 *Theridion octomaculatum* Boes. et Str.	尺蠖、卷蛾、叶甲、叶蝉等
微蛛科 Erigonidae	
（92）草间小黑蛛 *Erigonidium gramicola*（Sundevall）	尺蠖、卷蛾、叶甲、叶蝉等
（93）食虫瘤胸蛛 *Oedothorax insecticeps* Boes. et Str.	尺蠖、卷蛾、叶甲、叶蝉等
漏斗蛛科 Agelenidae	
（94）迷宫漏斗蛛 *Agelena labyrinthica*（Clerck）	尺蠖、叶蝉等
（95）机敏漏斗蛛 *A.difficilis* Fox	叶甲、尺蠖、叶蝉等
（96）阴暗隙蛛 *Coelotes luctuosus* L. Kock	不详
猫蛛科 Oxyopidae	
（97）斜纹猫蛛 *Oxyopes sertatus* L. Kock	亚樟翠尺蛾幼虫等鳞翅目幼虫

种类及分类地位	捕食或寄生对象
蟹蛛科 Thomisidae	
（98）三突花蛛 *Ebrechtella tricuspidatas*（Fahricius）	鳞翅目弱龄幼虫及小型叶甲成虫
（99）波纹花蟹蛛 *Xysticus croceus*（Fox）	鳞翅目弱龄幼虫及小型叶甲成虫
（100）鞍形花蟹蛛 *X. ephippiatus* Simon	鳞翅目弱龄幼虫及小型叶甲成虫
跳蛛科 Salticidae	
（101）粗脚盘蛛 *Paneorius crasspes* Karsch	多种昆虫的幼虫
（102）条纹蝇虎 *Plexippus setipes* Karsch	白蚁有翅蚁，鳞翅目害虫的幼虫
（103）暗宽胸蝇虎 *Rhene atrata* Karsch	毒蛾、灯蛾、卷蛾的成虫及幼虫

附录六　油菜有害生物防治推荐和禁用农药名录

一　农业部推荐使用的高效低毒农药品种

1. 杀虫、杀螨剂

（1）生物制剂和天然物质：苏云金杆菌、甜菜夜蛾核多角体病毒、斜纹夜蛾核多角体病毒、小菜蛾颗粒体病毒、茶尺蠖核多角体病毒、棉铃虫核多角体病毒、苦参碱、印楝素、烟碱、鱼藤酮、苦皮藤素、阿维菌素、多杀霉素、浏阳霉素、白僵菌、除虫菊素、硫磺悬浮剂。

（2）合成制剂：溴氰菊酯、氟氯氰菊酯、氨氰菊酯、联苯菊酯、氧戊菊酯、甲氰菊酯、氟丙菊酯、硫双威、丁硫克百威、抗蚜威、异丙威、速灭威、辛硫磷、敌百虫、敌敌畏、马拉硫磷、乙酰甲胺磷、杀螟硫磷、倍硫磷、丙溴磷、二嗪磷、亚胺硫磷、灭幼脲、氟啶脲、氟铃脲、氟虫脲、除虫脲、噻嗪酮、抑食肼、虫酰肼、哒螨灵、四螨嗪、唑螨酯、三唑锡、炔螨特、噻螨酮、苯丁锡、单甲脒、双甲脒、杀虫单、杀虫双、杀螟丹、甲胺基阿维菌素、啶虫脒、吡虫脒、灭蝇胺、氟虫腈、溴虫腈、丁醚脲（其中茶叶上不能使用氰戊菊酯、甲氰菊酯、乙酰甲胺磷、噻嗪酮、哒螨灵）。

2. 杀菌剂

（1）无机杀菌剂：碱式硫酸铜、王铜、氢氧化铜、氧化亚铜、石硫合剂。

（2）合成杀菌剂：代森锌、代森锰锌、福美双、乙膦铝、多菌灵、甲基硫菌灵、噻菌灵、百菌清、三唑酮、三唑醇、烯唑醇、戊唑醇、己唑醇、腈菌唑、乙霉威·硫菌灵、腐霉利、异菌脲、霜霉威、烯酰吗啉·锰锌、霜脲氰·锰锌、邻烯丙基苯酚、嘧霉胺、氟吗啉、盐酸吗啉胍、恶霉灵、噻菌铜、咪鲜胺、咪鲜胺锰盐、抑霉唑、氨基寡糖素、甲霜灵·锰锌、亚胺唑、春·王铜、恶唑烷酮·锰锌、脂肪酸铜、松脂酸铜、腈嘧菌酯。

（3）生物制剂：井冈霉素、农抗120、菇类蛋白多糖、春雷靠素、多抗霉素、宁南霉素、木霉菌、农用链霉素。

二　禁止生产销售和使用的农药名单（32种）

六六六，滴滴涕，毒杀芬，二溴氯丙烷，杀虫脒，二溴乙烷，除草醚，艾氏剂，狄氏剂，汞制剂，砷、铅类，敌枯双，氟乙酰胺，甘氟，毒鼠强，氟乙酸钠，毒鼠硅，甲胺磷，甲基对硫磷，对硫磷，久效磷，磷胺，苯线磷，地虫硫磷，甲基硫环磷，磷化钙，磷化镁，磷化锌，硫线磷，蝇毒磷，治螟磷，特丁硫磷。

三　在蔬菜、果树、茶叶、中草药材上不得使用和限制使用的农药（17种）

禁止甲拌磷，甲基异柳磷，内吸磷，克百威，涕灭威，灭线磷，硫环磷，氯唑磷在蔬菜、果树、茶叶和中草药材上使用；禁止氧乐果在甘蓝和柑橘树上使用；禁止三氯杀螨醇和氰戊菊酯在茶树上使用；禁止丁酰肼（比久）在花生上使用；禁止水胺硫磷在柑橘树上使用；禁止灭多威在柑橘树、苹果树、茶树和十字花科蔬菜上使用；禁止硫丹在苹果树和茶树上使用；禁止溴甲烷在草莓和黄瓜上使用；除卫生用、玉米等部分旱田种子包衣剂外，禁止氟虫腈在其他方面使用。按照《农药管理条例》规定，任何农药产品都不得超出农药等级批准的使用范围使用。

四　农业部2013-12-09发布对7种农药采取进一步禁限用管理措施（7种）

氯磺隆、胺苯磺隆、甲磺隆、福美胂、福美甲胂、毒死蜱和三唑磷。